Michael Wolff

Halogenreiche Festkörper durch Reaktionen in Ionischen Flüssigkeiten

Michael Wolff

# Halogenreiche Festkörper durch Reaktionen in Ionischen Flüssigkeiten

Fakultät für Chemie und Biowissenschaften
Karlsruher Institut für Technologie (KIT)

Südwestdeutscher Verlag für Hochschulschriften

**Impressum/Imprint (nur für Deutschland/only for Germany)**
Bibliografische Information der Deutschen Nationalbibliothek: Die Deutsche Nationalbibliothek verzeichnet diese Publikation in der Deutschen Nationalbibliografie; detaillierte bibliografische Daten sind im Internet über http://dnb.d-nb.de abrufbar.
Alle in diesem Buch genannten Marken und Produktnamen unterliegen warenzeichen-, marken- oder patentrechtlichem Schutz bzw. sind Warenzeichen oder eingetragene Warenzeichen der jeweiligen Inhaber. Die Wiedergabe von Marken, Produktnamen, Gebrauchsnamen, Handelsnamen, Warenbezeichnungen u.s.w. in diesem Werk berechtigt auch ohne besondere Kennzeichnung nicht zu der Annahme, dass solche Namen im Sinne der Warenzeichen- und Markenschutzgesetzgebung als frei zu betrachten wären und daher von jedermann benutzt werden dürften.

Coverbild: www.ingimage.com

Verlag: Südwestdeutscher Verlag für Hochschulschriften GmbH & Co. KG
Heinrich-Böcking-Str. 6-8, 66121 Saarbrücken, Deutschland
Telefon +49 681 37 20 271-1, Telefax +49 681 37 20 271-0
Email: info@svh-verlag.de

Zugl.: Karlsruhe, Universität, Diss., 2011

Herstellung in Deutschland (siehe letzte Seite)
**ISBN: 978-3-8381-3233-4**

**Imprint (only for USA, GB)**
Bibliographic information published by the Deutsche Nationalbibliothek: The Deutsche Nationalbibliothek lists this publication in the Deutsche Nationalbibliografie; detailed bibliographic data are available in the Internet at http://dnb.d-nb.de.
Any brand names and product names mentioned in this book are subject to trademark, brand or patent protection and are trademarks or registered trademarks of their respective holders. The use of brand names, product names, common names, trade names, product descriptions etc. even without a particular marking in this works is in no way to be construed to mean that such names may be regarded as unrestricted in respect of trademark and brand protection legislation and could thus be used by anyone.

Cover image: www.ingimage.com

Publisher: Südwestdeutscher Verlag für Hochschulschriften GmbH & Co. KG
Heinrich-Böcking-Str. 6-8, 66121 Saarbrücken, Germany
Phone +49 681 37 20 271-1, Fax +49 681 37 20 271-0
Email: info@svh-verlag.de

Printed in the U.S.A.
Printed in the U.K. by (see last page)
**ISBN: 978-3-8381-3233-4**

Copyright © 2012 by the author and Südwestdeutscher Verlag für Hochschulschriften GmbH & Co. KG and licensors
All rights reserved. Saarbrücken 2012

# Inhaltsverzeichnis

## 1 Einleitung ........................................................................................................ 1

## 2 Experimenteller Teil ....................................................................................... 5
### 2.1 Arbeiten unter Schutzgas ........................................................................... 5
### 2.2 Verwendete Chemikalien ........................................................................... 5
### 2.3 Synthese und Reinigung der Ausgangsverbindungen ............................... 6
### 2.4 Analytische Methoden ............................................................................... 7
#### 2.4.1 Röntgenbeugung an Einkristallen ........................................................ 7
#### 2.4.2 Röntgenbeugung an Pulvern ............................................................... 13
#### 2.4.3 Differenzthermoanalyse / Thermogravimetrie ................................... 15
#### 2.4.4 Kernresonanzspektroskopie ................................................................ 17
#### 2.4.5 Raman-Schwingungsspektroskopie .................................................... 18

## 3 Ergebnisse und Diskussion .......................................................................... 20
### 3.1 Ionische Flüssigkeiten als Reaktionsmedium ......................................... 20
### 3.2 Koordinationschemie in Ionischen Flüssigkeiten: Kronenether-Komplexe von Iodometallaten der Gruppe 12 und 14 ........................... 22
#### 3.2.1 Stand der Literatur .............................................................................. 22
#### 3.2.2 Synthese und Charakterisierung von $[Pb_2I_3(18\text{-Krone-}6)_2][SnI_5]$ ........ 24
#### 3.2.3 Synthese und Kristallstruktur von $SnI_4 \cdot 1,4$-Dithian ........................ 29
#### 3.2.4 Synthese und Kristallstruktur von $CdI_2(18\text{-Krone-}6) \cdot 2\ I_2$ ................. 33
#### 3.2.5 Synthese und Kristallstruktur von $[ZnI(18\text{-Krone-}6)][N(Tf)_2]$ ......... 38
#### 3.2.6 Vergleichende Diskussion .................................................................. 41
### 3.3 Untersuchungen zum Reaktionsverhalten von Halogenen und Interhalogenen in Ionischen Flüssigkeiten ............................................. 45
#### 3.3.1 Stand der Literatur .............................................................................. 45
#### 3.3.2 Synthese und Charakterisierung von $[(Ph)_3PBr][Br_7]$ ....................... 46
#### 3.3.3 Synthese und Kristallstruktur von $[(Bz)(Ph)_3P]_2[Br_8]$ ...................... 52
#### 3.3.4 Synthese und Charakterisierung von $[(n\text{-Bu})_3MeN]_2[Br_{20}]$ .............. 54
#### 3.3.5 Synthese und Charakterisierung von $[C_4MPyr]_2[Br_{20}]$ ..................... 61

|  |  |  |
|---|---|---|
| | 3.3.6 Synthese und Kristallstruktur von $[(Ph)_3PCl]_2[Cl_2I_{14}]$ ................... 69 | |
| | 3.3.7 Exkurs: Die Bedeutung des Templat-Effektes ................................. 75 | |
| | 3.3.8 Vergleichende Diskussion ................................................................. 77 | |

**4  Zusammenfassung** ........................................................................ **80**

**5  Ausblick** ........................................................................................... **83**

**6  Literatur** .......................................................................................... **85**

**7  Anhang** ............................................................................................ **94**

   **7.1  Tabellen zur Strukturbestimmung** ................................................. 94

   **7.2  Publikationsliste** ............................................................................. 113

**Abstract.** The aim of this work is to explore the use and benefit of ionic liquids towards the synthesis of halogen-rich compounds. Ionic liquids are claimed to possess exceptional properties (e.g., wide liquid range, thermal and chemical stability, low vapor pressure) and thus provide opportunities for chemical synthesis significantly different from conventional solvents. Based on their weak coordination character, low melting point and chemical stability, [(n-Bu)$_3$MeN][N(Tf)$_2$] and [C$_{10}$MPyr]Br/[C$_4$MPyr]OTf are chosen from a wide choice of commercially and synthetically available ionic liquids.

In general, reactions with bromine and iodine monochloride involve certain restrictions due to their increasing reactivity and high vapor pressure. Concerning this matter, an eutectic mixture of the ionic liquids [C$_{10}$MPyr]Br/[C$_4$MPyr]OTf has been proven to fulfill the role of a highly oxidation stable, low melting reaction medium with a high solubility and a lowered vapor pressure for halides and interhalides allowing the formation of novel polyhalides. By carrying out the synthesis in this low melting system, the first three-dimensional polybromide network [C$_4$MPyr]$_2$[Br$_{20}$] is prepared and characterized via X-Ray diffraction methods, thermogravimetry and Raman spectroscopy despite its sensibility to moisture and temperature. Structurally the bromine network in [C$_4$MPyr]$_2$[Br$_{20}$] can be formally rationalized based on distorted, corner-sharing [(Br$^-$)(Br$_2$)$_4$(2Br$_2$)$_2$] octahedra introducing a new structural motif for polyhalide chemistry. Moreover, an infinite two-dimensional polybromide network [(n-Bu)$_3$MeN]$_2$[Br$_{20}$] has been obtained by synthesis in [(n-Bu)$_3$MeN][N(Tf)$_2$]. With nine molecules of dibromine both polyhalides contain the highest amount of elemental bromine ever observed in a compound and an even higher amount of the halogen than the most iodine-rich polyhalide Fc$_3$I$_{29}$. Besides these 2D- and 3D polybromide networks, [(Ph)$_3$PBr][Br$_7$] and [(Bz)(Ph)$_3$P]$_2$[Br$_8$] constituted by discrete pyramidal [Br$_7$]$^-$ and Z-shaped [Br$_8$]$^{2-}$ polybromide anions, respectively, are presented here first. [(Ph)$_3$PCl]$_2$[Cl$_2$I$_{14}$], moreover, is obtained as a first example of a polyiodine chloride 3D-network.

Furthermore, the synthesis and characterization of Group 12 and 14 iodometallates in ionic liquids are of peculiar interest for this work. Synthesis and crystal growth are performed in [(n-Bu)$_3$MeN][N(Tf)$_2$] as a polar, but aprotic liquid phase allowing for fast diffusion at temperatures between 25 and 150 °C. In detail, with SnI$_4$ · 1,4-Dithiane, [Pb$_2$I$_3$(18-crown-6)$_2$][SnI$_5$] and CdI$_2$(18-crown-6)·2I$_2$ one- and two-dimensional layered iodide networks have been obtained, respectively. Moreover, [ZnI(18-crown-6)][N(Tf)$_2$] demonstrates the influence of the Weak Coordinating Anion [N(Tf)$_2$]$^-$ resulting in unusual twisted conformation of 18-crown-6.

# Tabellenverzeichnis

Tabelle 1. Bezugsquellen der käuflich erwerblichen Ausgangssubstanzen. ............ 5

Tabelle 2. Ionenradien einiger Kationen für die Koordinationszahl 6 [124]. ............ 42

Tabelle 3. Intermolekulare Wechselwirkungen der vorgestellten Kronenether-Komplexe im Vergleich mit ausgewählten Verbindungen aus der Literatur. ............ 43

Tabelle 4. Chemische und physikalische Eigenschaften von Brom und Iodmonochlorid. Die Daten sind der GESTIS-Stoffdatenbank des IFA entnommen [187]. ............ 70

Tabelle 5. Br–Br Abstände (unterhalb des doppelten Van-der-Waals Abstandes von 370 pm) der diskutierten Polybromide im Vergleich zu ausgewählten Referenzverbindungen. ............ 78

Tabelle 6. Daten zur Strukturlösung und -verfeinerung von $[Pb_2I_3(18\text{-Krone-}6)_2][SnI_5]$. ............ 94

Tabelle 7. Ortsparameter ($\cdot\ 10^{-4}$) und isotrope Auslenkungsparameter $U_{eq}$ ($\cdot\ 10^{-3}$) für $[Pb_2I_3(18\text{-Krone-}6)_2][SnI_5]$. ............ 94

Tabelle 8. Anisotrope Auslenkungsparameter ($\cdot\ 10^{-3}$) für $[Pb_2I_3(18\text{-Krone-}6)_2][SnI_5]$. ............ 95

Tabelle 9. Daten zur Strukturlösung und -verfeinerung von $SnI_4 \cdot$ 1,4-Dithian. ............ 96

Tabelle 10. Ortsparameter ($\cdot\ 10^{-4}$) und isotrope Auslenkungsparameter $U_{eq}$ ($\cdot\ 10^{-3}$) für $SnI_4 \cdot$ 1,4-Dithian. ............ 96

Tabelle 11. Anisotrope Auslenkungsparameter ($\cdot\ 10^{-3}$) für $SnI_4 \cdot$ 1,4-Dithian. ............ 97

Tabelle 12. Daten zur Strukturlösung und -verfeinerung von $CdI_2(18\text{Krone-}6) \cdot 2\ I_2$. ............ 97

Tabelle 13. Ortsparameter ($\cdot\ 10^{-4}$) und isotrope Auslenkungsparameter $U_{eq}$ ($\cdot\ 10^{-3}$) für $CdI_2(18\text{Krone-}6) \cdot 2\ I_2$. ............ 98

Tabelle 14. Anisotrope Auslenkungsparameter ($\cdot\ 10^{-3}$) für $CdI_2(18\text{Krone-}6) \cdot 2\ I_2$. ............ 98

Tabelle 15. Daten zur Strukturlösung und -verfeinerung von $[ZnI(18\text{-Krone-}6)][N(Tf)_2]$. ............ 98

Tabelle 16. Ortsparameter ($\cdot\ 10^{-4}$) und isotrope Auslenkungsparameter $U_{eq}$ ($\cdot\ 10^{-3}$) für $[ZnI(18\text{-Krone-}6)][N(Tf)_2]$. ............ 99

Tabelle 17. Anisotrope Auslenkungsparameter ($\cdot\ 10^{-3}$) für $[ZnI(18\text{-Krone-}6)][N(Tf)_2]$. ............ 100

Tabelle 18. Daten zur Strukturlösung und -verfeinerung von $[(Ph)_3PBr][Br_7]$. ............ 100

Tabelle 19. Ortsparameter ($\cdot\ 10^{-4}$) und isotrope Auslenkungsparameter $U_{eq}$ ($\cdot\ 10^{-3}$) für $[(Ph)_3PBr][Br_7]$. ............ 101

Tabelle 20. Anisotrope Auslenkungsparameter ($\cdot\ 10^{-3}$) für $[(Ph)_3PBr][Br_7]$. ............ 102

Tabelle 21. Daten zur Strukturlösung und -verfeinerung von $[(Bz)(Ph)_3P]_2[Br_8]$. ............ 102

Tabelle 22. Ortsparameter ($\cdot\ 10^{-4}$) und isotrope Auslenkungsparameter $U_{eq}$ ($\cdot\ 10^{-3}$) für $[(Bz)(Ph)_3P]_2[Br_8]$. ............ 103

Tabelle 23. Anisotrope Auslenkungsparameter ($\cdot\ 10^{-3}$) für $[(Bz)(Ph)_3P]_2[Br_8]$. ............ 104

Tabelle 24. Daten zur Strukturlösung und -verfeinerung von $[(n\text{-Bu})_3\text{MeN}]_2[Br_{20}]$. ............ 104

Tabelle 25. Ortsparameter ($\cdot\ 10^{-4}$) und isotrope Auslenkungsparameter $U_{eq}$ ($\cdot\ 10^{-3}$) für $[(n\text{-Bu})_3\text{MeN}]_2[Br_{20}]$. .. 105

Tabelle 26. Anisotrope Auslenkungsparameter ($\cdot\ 10^{-3}$) für [($n$-Bu)$_3$MeN]$_2$[Br$_{20}$]. .................................... 106

Tabelle 27. Daten zur Strukturlösung und -verfeinerung von [C$_4$MPyr]$_2$[Br$_{20}$]. .................................... 106

Tabelle 28. Ortsparameter ($\cdot\ 10^{-4}$) und isotrope Auslenkungsparameter $U_{eq}$ ($\cdot\ 10^{-3}$) für [C$_4$MPyr]$_2$[Br$_{20}$]. ......... 107

Tabelle 29. Anisotrope Auslenkungsparameter ($\cdot\ 10^{-3}$) für [C$_4$MPyr]$_2$[Br$_{20}$]. .................................... 108

Tabelle 30. Daten zur Strukturlösung und -verfeinerung von [(Ph)$_3$PCl]$_2$[Cl$_2$I$_{14}$]. .................................... 108

Tabelle 31. Ortsparameter ($\cdot\ 10^{-4}$) und isotrope Auslenkungsparameter $U_{eq}$ ($\cdot\ 10^{-3}$) für [(Ph)$_3$PCl]$_2$[Cl$_2$I$_{14}$]. ...... 109

Tabelle 32. Anisotrope Auslenkungsparameter ($\cdot\ 10^{-3}$) für [(Ph)$_3$PCl]$_2$[Cl$_2$I$_{14}$]. .................................... 110

Tabelle 33. Daten zur Strukturlösung und -verfeinerung von [C$_2$MPyr]$_2$[(Br)$_7$(Br)$_7$]. .................................... 110

Tabelle 34. Ortsparameter ($\cdot\ 10^{-4}$) und isotrope Auslenkungsparameter $U_{eq}$ ($\cdot\ 10^{-3}$) für [C$_2$MPyr]$_2$[(Br)$_7$(Br)$_7$]. 111

Tabelle 35. Anisotrope Auslenkungsparameter ($\cdot\ 10^{-3}$) für [C$_2$MPyr]$_2$[(Br)$_7$(Br)$_7$]. .................................... 112

# Abbildungsverzeichnis

Abbildung 1. Typische Anionen und Kationen in Ionischen Flüssigkeiten. ................................................................ 1

Abbildung 2. Protonen-Nummerierung für das Kation von [$C_{10}$MPyr]Br. ................................................................ 7

Abbildung 3. Schemazeichnung zur Röntgenbeugung an einem Gitter. ................................................................ 8

Abbildung 4. Kühlvorrichtung zur Handhabung luft-, feuchtigkeits- und temperaturempfindlicher Kristalle unter einem gekühlten $N_2$-Strom. ................................................................ 12

Abbildung 5. Schematischer Aufbau des Drehkristall-Verfahrens. ................................................................ 13

Abbildung 6. Beugungsbild einer a) einkristallinen und b) polykristallinen Probe; c) Schematischer Aufbau eines Pulverdiffraktometers. ................................................................ 13

Abbildung 7. Temperatur-Zeit-Kurven bei einer endothermen Reaktion (links) und Temperaturdifferenz zwischen Probe und Referenzprobe als Funktion der Zeit (rechts). ................................................................ 15

Abbildung 8. Schematischer Versuchsaufbau für die Thermogravimatrie. ................................................................ 16

Abbildung 9. Ausgewählte Alkalimetall-Kronenether-Komplexe: A: Li(12-Krone-4)$^+$, B: Na(15-Krone-5)$^+$, C: K(15-Krone-5)$_2^+$, D: K(18-Krone-6)$^+$, E: Rb(Dibenzo-18-Krone-6)$^+$, F: Cs(Tribenzo-21-Krone-7)$^+$. ................................................................ 22

Abbildung 10. Kristalle der Verbindung [Pb$_2$I$_3$(18-Krone-6)$_2$][SnI$_5$]. ................................................................ 24

Abbildung 11. Elementarzelle von [Pb$_2$I$_3$(18-Krone-6)$_2$][SnI$_5$] mit Blickrichtung entlang der kristallografischen $a$-Achse. ................................................................ 25

Abbildung 12. *oben*: Darstellung des Kations [Pb$_2$I$_3$(18-Krone-6)$_2$]$^+$ und seiner Verknüpfung mit den Iod-Atomen des Anions; *unten links*: Koordination von Pb$^{2+}$ durch 18-Krone-6; *unten rechts*: das trigonal-bipyramidale Anion [SnI$_5$]$^-$ (Bindungslängen in pm; Auslenkungsellipsoide mit 50 %-Aufenthaltswahrscheinlichkeit). ................................................................ 26

Abbildung 13. Schichtartige Vernetzung in [Pb$_2$I$_3$(18-Krone-6)$_2$][SnI$_5$] entlang [110]. 18-Krone-6 ist aus Gründen der Übersichtlichkeit nicht dargestellt. ................................................................ 27

Abbildung 14. Gemessenes ( T = 25 °C) und aus Einkristalldaten berechnetes ( T = –73 °C) Pulverdiffraktogramm von [Pb$_2$I$_3$(18-Krone-6)$_2$][SnI$_5$]. ................................................................ 28

Abbildung 15. Kristalle der Verbindung SnI$_4$ · 1,4-Dithian. ................................................................ 29

Abbildung 16. Elementarzelle von SnI$_4$ · 1,4-Dithian mit Blickrichtung entlang [001]. Die (4+2)-Koordination durch Iodid-Anionen und Schwefel-Atome ist durch grüne Koordinationspolyeder hervorgehoben. ................................................................ 30

Abbildung 17. Ein Ausschnitt aus der unendliche Kette $_\infty^1$[SnI$_4$ · 1,4-Dithian] (Bindungslängen in pm; Auslenkungsellipsoide mit 50 %-Aufenthaltswahrscheinlichkeit). ................................................................ 31

Abbildung 18. *links*: 2x2-Superzelle ohne 1,4-Dithian-Moleküle zur Verdeutlichung des Sn–I-Schichtnetzwerks; *rechts*: dreidimensionale Vernetzung in SnI$_4$ · 1,4-Dithian. ................................................................ 32

Abbildung 19. Elementarzelle von CdI$_2$(18Krone-6) · 2 I$_2$ mit Blickrichtung entlang [010]. ................................................................ 34

Abbildung 20. Darstellung einer Cd(18-Krone-6) · 2 I$_2$ Einheit (Bindungslängen in pm; Auslenkungsellipsoide mit 50 %-Aufenthaltswahrscheinlichkeit). ................................................................ 35

VI

Abbildung 21. Darstellung des zweidimensionalen Netzwerks in Cd(18-Krone-6) · 2 I$_2$ entlang [101]. Zur Verdeutlichung der kantenverknüpften Cd$_2$I$_{14}$-Ringe ist eine Projektion entlang [100] dargestellt. ........... 36

Abbildung 22. Darstellung der Schichtenfolge von Cd- und I-Atomen in Cd(18-Krone-6) · 2 I$_2$. I(A) und I(A)' bzw. I(B) und I(B)' sind jeweils inversionssymmetrisch zueinander. ................................................................. 37

Abbildung 23. Elementarzelle von [ZnI(18-Krone-6)][N(Tf)$_2$] mit Blickrichtung entlang [100] ..................... 38

Abbildung 24. Das [ZnI(18-Krone-6)]$^+$-Kation in [ZnI(18-Krone-6)][N(Tf)$_2$] (Bindungslängen in pm; Auslenkungsellipsoide mit 50 %-Aufenthaltswahrscheinlichkeit). ........................................................... 39

Abbildung 25. Literaturbekannte Zink-Komplexe von 15-Krone-5 und 18-Krone-6 im Vergleich: [ZnCl(H$_2$O)(15-Krone-5)]$^+$ (links), ZnCl$_2$(18-Krone-6)(H$_2$O) (mitte) und ZnI$_2$(18-Krone-6) (rechts) [58,63,126]. ........................................................................................................................................................ 40

Abbildung 26. Fluor-Wasserstoff-Brücken in [ZnI(18-Krone-6)][N(Tf)$_2$]. ....................................................... 41

Abbildung 27. Elementarzelle von [(Ph)$_3$PBr][Br$_7$] mit Blickrichtung entlang der $a$-Achse. Auf die Darstellung von intermolekularen Wechselwirkungen wurde aus Gründen der Übersichtlichkeit verzichtet. ............... 48

Abbildung 28. Intra- und intermolekulare Bindungslängen des tripodalen Anions [Br$_7$]$^-$, aufgebaut aus Bromid (Br1, orange) und Brom-Molekülen (Br2, dunkelrot) (Bindungslängen in pm; Auslenkungsellipsoide mit 50 %-Aufenthaltswahrscheinlichkeit). ........................................................................................................ 49

Abbildung 29. 2x2 Superzelle von [(Ph)$_3$PBr][Br$_7$] mit Blickrichtung entlang [010]. Das zentrale Bromid-Anion (Br1, orange) ist verzerrt tetraedrisch in einer (3+1)-Koordination von vier Brom-Molekülen (Br2, dunkelrot) umgeben. ........................................................................................................................................... 50

Abbildung 30. Foto von [(Ph)$_3$PBr][Br$_7$] in [($n$-Bu)$_3$MeN][N(Tf)$_2$] ............................................................... 50

Abbildung 31. oben: gemessenes (A, schwarz) und aus Einkristalldaten berechnetes (B, grau) Pulverdiffraktogramm von [(Ph)$_3$PBr][Br$_7$]; unten: gemessenes Pulverdiffraktogramm von [(Ph)$_3$PBr][Br$_7$] (A, schwarz) und aus Einkristalldaten berechnetes Pulverdiffraktogramm von [(Ph)$_3$PBr][Br$_3$] (C, grau). .... ................................................................................................................................................................................. 51

Abbildung 32. Elementarzelle von [(Bz)(Ph)$_3$P]$_2$[Br$_8$] mit Blickrichtung entlang der $b$-Achse. ........................ 52

Abbildung 33. Die Konformere des [Br$_8$]$^{2-}$-Anions in [(Bz)(Ph)$_3$P]$_2$[Br$_8$] (links) und [Q]$_2$[Br$_8$] (rechts) im Vergleich (Bindungslängen in pm; Auslenkungsellipsoide mit 50 %-Aufenthaltswahrscheinlichkeit). ...... 53

Abbildung 34. Foto von [($n$-Bu)$_3$MeN]$_2$[Br$_{20}$] in [($n$-Bu)$_3$MeN][N(Tf)$_2$] bei −15 °C. ..................................... 54

Abbildung 35. Darstellung der Elementarzelle von [($n$-Bu)$_3$MeN]$_2$[Br$_{20}$] mit Blickrichtung entlang [110]. Die ungewöhnliche quadratisch-planare Koordination um Bromid (orange) durch Brom-Moleküle (dunkelrot) ist in Form von Koordinationspolyedern (hellrot) dargestellt. ........................................................... 55

Abbildung 36. oben: Darstellung der Vernetzung zwischen Bromid-Anionen (orange) und Brom-Molekülen (dunkelrot); unten links: Verbindung der durch eckenverknüpfte [(Br$^-$)$_2$(Br$_2$)$_4$]-Rauten aufgebauten Polybromid-Schichten über Br5B---Br3 (365 pm, gestrichelt) in Richtung [001]; unten rechts: Verknüpfung der [(Br$^-$)$_2$(Br$_2$)$_4$]-Rauten und [(Br$^-$)$_3$(Br$_2$)$_4$(Br$_2$)$_{1/2}$]-Sessel innerhalb einer Schicht über

VII

gemeinsame Seiten (alle Br–Br Abstände in pm; alle Auslenkungsellipsoide mit 50 %-Aufenthaltswahrscheinlichkeit). ... 56

Abbildung 37. Fehlordnung des Kations [($n$-Bu)$_3$MeN]$^+$. Die Orientierung der Butyl-Gruppe erfolgt entweder in Richtung A (schwarz) oder B (hellgrau) (Bindungslängen in pm; Auslenkungsellipsoide mit 50 %-Aufenthaltswahrscheinlichkeit). ... 57

Abbildung 38. *links:* kürzeste Br···H–C Abstände in [($n$-Bu)$_3$MeN]$_2$[Br$_{20}$]; *rechts*: Darstellung der freien Koordinationsstelle der quadratischen [Br(Br$_2$)$_5$]$^-$-Pyramide. ... 58

Abbildung 39. Darstellung des schichtartigen Polybromid-Netzwerkes in [($n$-Bu)$_3$MeN]$_2$[Br$_{20}$] aufgebaut aus [(Br$^-$)$_2$(Br$_2$)$_4$]-Rauten und [(Br$^-$)$_3$(Br$_2$)$_4$(Br$_2$)$_{1/2}$]-Sesseln. ... 59

Abbildung 40. Foto bei +27 °C und Thermogravimetrie von [($n$-Bu)$_3$MeN]$_2$[Br$_{20}$], die einen dreistufigen Gewichtsverlust zwischen +40 ° und +340 °C zeigt. ... 61

Abbildung 41. [C$_4$MPyr]$_2$[Br$_{20}$] mit zentralem Bromid-Anion (Br1, orange) als Netzwerkknoten und daran koordinierten Brom-Molekülen (Br$_2$, dunkelrot) als Linker (alle Br–Br Abstände in pm; alle Auslenkungsellipsoide mit 50 %-Aufenthaltswahrscheinlichkeit). ... 63

Abbildung 42. $^3_\infty$[(Br$^-$)$_2$(Br$_2$)$_4$(2Br$_2$)$_2$(Br$_2$)]-Netzwerk in [C$_4$MPyr]$_2$[Br$_{20}$], welches durch verzerrte eckenverknüpfte [(Br$^-$)(Br$_2$)$_4$(2Br$_2$)$_2$]$^-$-Oktaeder (hellrote Koordinationspolyeder) aufgebaut wird. Das zentrale Bromid-Anion (Br1) als Netzwerkknoten ist über Brom-Moleküle (dunkelrot mit dicker Linie) verknüpft. Das [C$_4$MPyr]$^+$-Kation fungiert hierbei als Templat und befindet sich in den Lücken des 3D-Polybromid-Netzwerkes. ... 64

Abbildung 43. Gezeigt sind die kürzesten Br···H-C Abstände zwischen Brom und dem Kation [C$_4$MPyr]$^+$ in [C$_4$MPyr]$_2$[Br$_{20}$]. ... 65

Abbildung 44. Betrachtet man vereinfacht nur die zentralen Bromid-Anionen (Br1) und Stickstoff (N1) als Zentrum des Kations zeigt sich die enge Verwandtschaft mit einem verzerrten CsCl-Strukturtyp. ... 66

Abbildung 45. Foto von [C$_4$MPyr]$_2$[Br$_{20}$] in flüssiger Form bei 27 °C und Thermogravimetrie der reinen Titelverbindung, die einen vierstufigen Gewichtsverlust zwischen 60 und 560 °C zeigt. ... 67

Abbildung 46. Raman-Spektrum von [C$_4$MPyr]$_2$[Br$_{20}$] bei Raumtemperatur. ... 69

Abbildung 47. [(Ph)$_3$PCl]$_2$[Cl$_2$I$_{14}$] mit Verknüpfung der zentralem Chlorid-Anionen (Cl2, grün) über koordinierte Iod-Molekülen (I$_2$, orange) (Bindungslängen in pm; Auslenkungsellipsoide mit 50 %-Aufenthaltswahrscheinlichkeit). ... 71

Abbildung 48. Darstellung der [(I$_2$)Cl(I$_{2/2}$)$_4$]-Pyramiden und der äquatorialen (links) und vertikalen (rechts) Bindungswinkel. Die Fehlordnung der Iod-Atome I5 und I6 wurde aus Gründen der Übersichtlichkeit nicht dargestellt. ... 72

Abbildung 49. 2x2-Superzelle von [(Ph)$_3$PCl]$_2$[Cl$_2$I$_{14}$] mit Blickrichtung entlang der *c*-Achse. ... 73

Abbildung 50. *links:* Asymmetrische Einheit von [C$_2$Mpyr]$_2$[(Br$_7$)(Br$_7$)]; *rechts*: Asymmetrische Einheit von [C$_2$Mpyr]$_2$[(Br$_7$)(Br$_7$)] mit weiterführender Konnektivität der terminalen Brom-Atome (alle Br–Br Abstände in pm; alle Auslenkungsellipsoide mit 50 %-Aufenthaltswahrscheinlichkeit). ... 76

Abbildung 51. Darstellung der beiden unabhängigen Polybromid-Netzwerke in [C$_2$Mpyr]$_2$[(Br$_7$)(Br$_7$)] ausgehend von tripodalen beziehungsweise T-förmigen [Br$_7$]$^-$-Baueinheiten. Zur besseren optischen Unterscheidung sind die Einheiten abwechselnd in hell-rot (Br$_A$) und dunkelrot (Br$_B$) dargestellt.................................. 77

# Abkürzungsverzeichnis

| Abkürzung | Bedeutung |
|---|---|
| [(n-Bu)$_3$MeN]$^+$ | Tributylmethylammonium |
| [BMIM]$^+$ | 1-Butyl-3-methylimidazolium |
| [BMP]$^+$ | N-Butyl-4-methylpyridinium |
| [C$_2$MPyr]$^+$ | N-Ethyl-N-methylpyrrolidinium |
| [C$_4$MPyr]$^+$ | N-Butyl-N-methylpyrrolidinium |
| [C$_{10}$MPyr]$^+$ | N-Decyl-N-methylpyrrolidinium |
| [Dpfz]$^+$ | 1,5-Diphenylformazan |
| [EMIM]$^+$ | 1-Ethyl-3-methylimidazolium |
| [EtH$_3$N]$^+$ | Ethylammonium |
| [H$_4$Tppz]$^{4+}$ | Tetra(2-pyridyl)pyrazin |
| [N(Tf)$_2$]$^-$ | Bis(trifluoromethansulfonyl)imid |
| [OTf]$^-$ | Triflat bzw. Trifluormethansulfonat |
| [Q]$^+$ | Quinuclidinium |
| [TtddBr$_2$]$^{2+}$ | 4,5,9,10-Tetrathiocino-[1,2-*b*:5,6-*b'*]-1,3,6,8-tetraethyl-diimidazolyl-2,7-dibromdithionium |
| $\sum r_{VdW}$ | Summe der Van-der-Waals-Radien |
| 18-ane-S6 | 1,4,7,10,13,16-Hexathiacyclooctadecan |
| 18-Krone-6 | 1,4,7,10,13,16-Hexaoxacyclooctadecan |
| äq | äquatorial |
| ax | axial |
| Bz | Benzyl |
| CAS | Chemical Abstracts |
| CCDC | Cambridge Crystallographic Data Centre |
| EN | Elektronegativität (Pauling-Skala) |
| eq | Äquivalent (equivalent) |
| ICDD-Datenbank | International Centre for Diffraction Data |
| ICSD | Inorganic Crystal Structure Database |
| IR | Infrarot |
| n(e$^-$) | Zahl der Elektronen |
| NMR | Kernresonanz (nuclear magnetic resonance) |
| Ph | Phenyl |

| | |
|---|---|
| RF | **R**esonanzfrequenz |
| RTIL | **r**oom **t**emperature **i**onic **l**iquid |
| THF | **T**etra**h**ydro**f**uran |
| $T_M$ | Schmelzpunkt |
| $T_S$ | Siedepunkt |

# 1 Einleitung

Zur Darstellung anorganischer Substanzen stehen viele unterschiedliche Synthesemethoden zur Auswahl. Neben Umsetzungen in organischen Lösungsmitteln, Wasser und anorganischen Säuren/Basen finden auch niedrigsiedende Flüssigkeiten wie beispielsweise flüssiger Ammoniak Verwendung. Alternativ können anorganische Verbindungen wiederum durch Reaktionen in Salz- oder Metallschmelzen, sowie Festkörper- als auch Gasphasenreaktionen dargestellt werden [1]. Die Reaktionsbedingungen decken Temperaturen von etwa −50 °C (flüssiger Ammoniak) über Raumtemperatur (organische Lösungsmittel, Wasser) bis zu einigen Hundert Grad (Salzschmelzen, Festkörperreaktionen) und Drücke von nahe Vakuum (Chemischer Transport) über Normaldruck bis zu einigen GPa (Hochdruckpressen) ab.

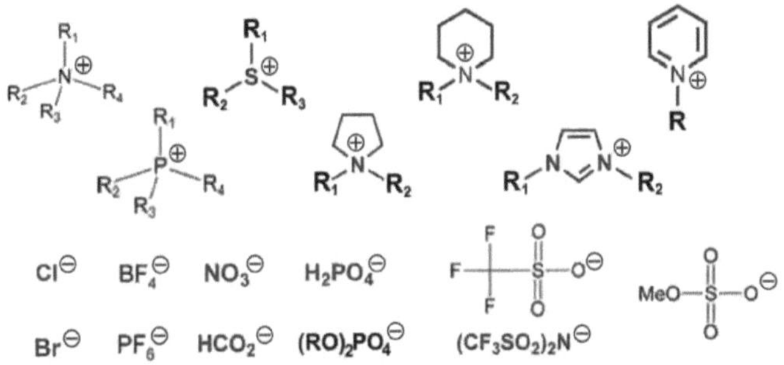

**Abbildung 1.** Typische Anionen und Kationen in Ionischen Flüssigkeiten.

Der Einsatz Ionischer Flüssigkeiten als Reaktionsmedium stellt eine neuartige und vielversprechende Alternative dar. Unter der Bezeichnung "Ionische Flüssigkeiten" sind salzartig aufgebaute Verbindungen zusammengefasst, deren Schmelzpunkt unter 100 °C oder sogar unter Raumtemperatur (RTIL, *room temperature ionic liquid*) liegt [2,3]. Der niedrige Schmelzpunkt ist für die Verwendung als Reaktionsmedium ein essentieller Aspekt und liegt im Aufbau aus großen, sterisch anspruchsvollen und zugleich niedrig geladenen Ionen begründet, weswegen attraktive Coulomb-Wechselwirkungen entsprechend gering ausfallen. Eine geringe Zufuhr thermischer Energie genügt bereits, um die Gitterenergie zu überwinden und die feste Kristallstruktur aufzubrechen. Um diesem Anspruch gerecht zu werden, kommen meist große aliphatische (z. B. Ammonium, Phosphonium, Pyrrolidinium) oder aromatische (z. B. Imidazolium, Pyridinium) Kationen und schwach koordinierende Anionen (z. B. Triflat, Bis(trifyl)imid, Tetrafluoroborat) zum Einsatz (Abbildung 1).

Die Verbindungsklasse der Ionischen Flüssigkeiten ist seit knapp 100 Jahren bekannt und reicht zurück bis in das Jahr 1914. Hier hat *Walden* mit [EtH$_3$N][NO$_3$] ein Salz vorstellt, das einen Schmelzpunkt von nur 12 °C aufweist [4]. Aufgrund der nicht unerheblichen Spuren an Wasser und der Hydrolyse bei höheren Temperaturen beschränken sich die Anwendungsmöglichkeiten Ionischer Flüssigkeiten der "ersten Generation" weitestgehend auf wenige Beispiele aus dem Bereich der Elektrochemie [5]. Erst Ende der achtziger Jahre des letzten Jahrhunderts werden durch *Wilkes* et al. erste Anwendungen als alternatives Reaktionsmedium in der organischen Synthese beschrieben [6]. Weiterführende Arbeiten von *Wilkes* und *Zaworotko* zur Synthese hydrolysestabiler Ionischer Flüssigkeiten gelten als Wegbereiter für die heutige Verwendung als alternatives Reaktionsmedium [7]. Halogenfreie und luft-/feuchtigkeitsstabile Ionische Flüssigkeiten der "zweiten Generation" konnten dieses Konzept noch erweitern [8]. Hier werden auch erstmals schwach koordinierende Anionen (WCAs, *weakly coordinating anions*) verwendet [9,10]. Speziell für eine bestimmte Funktionalität (z.B. Komplexierungsreagenz, Gasspeicher) synthetisierte Ionische Flüssigkeiten (TSILs, *task specific ionic liquid*) stellen die "dritte Generation" dar [11,12]. Mit den TAAILs (*tunable aryl alkyl ionic liquids*) wurde mittlerweile bereits die "vierte Generation" entwickelt. Durch die sowohl aliphatischen als auch aromatischen Substituenten am Kation verspricht man sich eine noch präzisere Optimierung der Solvenseigenschaften [13]. Durch Kombination geeigneter Anionen und Kationen lassen sich derzeit ca. $10^{18}$ verschiedene Ionische Flüssigkeiten herstellen. Die Zahl der in der Literatur diskutierten Verbindungen beträgt allerdings ca. $10^3$, wobei nur ein geringer Teil ausreichend charakterisiert ist und somit als potentielles Reaktionsmedium für die anorganische Synthese in Frage kommt. Durch Kombination verschiedener Anionen und Kationen sowie Variation der organischen Reste am Kation wird eine gezielte Optimierung der Solvenseigenschaften ermöglicht (z. B. thermisch-chemische Stabilität, Polarität, Viskosität, Mischbarkeit mit anderen Lösungsmitteln, Löslichkeit der Edukte). In diesem Zusammenhang spricht man häufig auch von "*designer solvents*".

Ionischen Flüssigkeiten wird ein weites Feld an außergewöhnlichen Eigenschaften zugeschrieben. Dieses beinhaltet einen weiten flüssigen Existenzbereich (−50 bis +400 °C), eine hohe thermische (bis zu 400 °C) und elektrochemische (−4 eV bis +4 eV) Stabilität, schwach koordinierende Eigenschaften sowie einen niedrigen Dampfdruck [2,3]. Bisher haben Ionische Flüssigkeiten insbesondere im Bereich der organischen Synthese, der Synthese von Nanopartikeln, der Katalyse und der Entwicklung inerter Elektrolyte Verwendung gefunden [14–20]. Basierend auf den genannten Vorteilen eröffnen Ionische Flüssigkeiten jedoch auch Perspektiven für die anorganische Synthesechemie. Die Zahl diesbezüglicher Arbeiten ist noch verhältnismäßig klein. Erste Beispiele zeigen allerdings, dass Ionische Flüssigkeiten tatsächlich einen Zugang zu einer anderen Art von Verbindungen und chemischen Reaktionen erlauben als konventionelle Lösungsmittel. Wie die Synthese des ersten gastfreien Germaniumclathrats $\square_{24}Ge_{136}$ gezeigt hat, schließt dies selbst den Zugang zu einer neuen Elementmodifikation mit ein [21]. Die Ionische Flüssigkeit [DoMe$_3$N][AlCl$_4$] übernimmt hierbei nicht nur die Funktion des Reaktionsmediums, sondern auch die eines Reaktanden. Bei einer Reaktionstemperatur von 300 °C führt ein Hofmann-Abbau von [DoMe$_3$N]$^+$ zu einer kontrollierten Oxidation der Ausgangssubstanz Na$_{12}$Ge$_{17}$. Trotz ihrer schwach koordinierenden Eigenschaften kann ein Einbau der Konstituenten der Ionischen Flüssigkeit in die Kristallstruktur der hierin synthetisierten Verbindungen erfolgen. Bedingt durch den hohen Raumbedarf der Kationen/Anionen resultiert häufig ein starker strukturdirigierender Effekt, was mit neuartigen strukturellen Baueinheiten oder der Stabilisierung niedervalenter Kationen einher gehen kann. In diesem Zusammenhang sind insbesondere Arbeiten von *Mudring* et al. (z. B. [C$_3$MPyr]$_2$[Yb$^{+II}$(NTf$_2$)$_4$]) und *Krossing* et al. (z. B. ([Ga$^{+I}$(C$_6$H$_5$Me)$_2$][Al(OC(CF$_3$)$_3$)$_4$]) hervorzuheben [22,23]. Durch den gezielten Einbau des Kations können Ionische Flüssigkeiten auch die Funktion eines Templats übernehmen. Dieser Effekt kann bei der Synthese Zeolith-analoger Gerüstverbindungen bzw. metallorganischer Netzwerke von Vorteil sein (z. B. [Cu$_3$(tpt)$_4$](BF$_4$)$_3$·(TPT)$_{2/3}$·5H$_2$O) [24]. Des Weiteren ermöglicht die gute Löslichkeit und chemische Beständigkeit Ionischer Flüssigkeiten bezüglich der Chalkogene und Halogene eine facettenreiche Strukturchemie, die – wie an [{P(*o*-Tolyl)$_3$}Br]$_2$[Cu$_2$Br$_6$](Br$_2$) und [Bi$_3$GaS$_5$]$_2$[Ga$_3$Cl$_{10}$]$_2$[GaCl$_4$]$_2$·S$_8$ zu erkennen ist – auch unter Beteiligung der Elemente als Neutral-Ligand zum Tragen kommt [25,26].

Vergleichsweise hohe Kosten und ein erheblicher Qualitätseinbruch bereits bei geringen Spuren an Verunreinigungen durch Wasser bzw. synthese-/zersetzungsbedingte Verunreinigungen gehören zu den gegenwertigen Einschränkungen. Eine weitere Herausforderung besteht in der Abtrennung der erhaltenen Substanzen aus den meist hochviskosen Reaktionslösungen. Diese ist insbesondere dann schwierig, wenn Konstituenten der Ionischen Flüssigkeit in die erhaltene Verbindung eingebaut wurden, da die Löslichkeit von Ionischen Flüssigkeit und Verbindung dann meist sehr ähnlich sind.

In der vorliegenden Arbeit sollen Ionische Flüssigkeiten als Reaktionsmedium für die anorganische Synthese verwendet werden. Hierbei soll untersucht werden, inwieweit sich die eingangs genannten vorteilhaften Eigenschaften bei Umsetzungen mit stark koordinierenden und oxidierenden Substanzen nutzen lassen. Ionische Flüssigkeiten besitzen dahingehend aufgrund des breiten elektrochemischen Fensters und der schwach koordinierenden Eigenschaften entscheidende Vorteile gegenüber konventionellen Lösungsmitteln. Neben Untersuchungen zum Komplexierungsverhalten von Kronenethern in Bezug auf Metalliodide sollen Reaktionen mit den starken Oxidationsmitteln $I_2$, $Br_2$ und ICl die redoxchemische Beständigkeit Ionischer Flüssigkeiten auf die Probe stellen. Ziel der Arbeit ist der Zugang und die Charakterisierung neuartiger halogenreicher Festkörper, welche durch konventionelle Methoden nicht synthetisierbar sind.

# 2 Experimenteller Teil

## 2.1 Arbeiten unter Schutzgas

Die Durchführung jeglicher präparativer Arbeiten erfolgte unter Argon-Atmosphäre. Die Aufbewahrung und die Einwaage von Feststoffen erfolgten an einer Glovebox des Typs UNILab der Firma BRAUN ($H_2O$-/$O_2$-Gehalt < 0,1 ppm). Verwendete Glasgeräte wurden zuvor an einer Argon-Schutzgasanlage (p < 1 · $10^{-3}$ mbar) mehrfach sekuriert. Hierbei wurde das verwendete Argon (Air Liquide, Argon 4.8) zur Befreiung von Wasser über Trockentürme mit Blaugel, Kaliumhydroxid, Molsieb (4 Å) und Phosphorpentaoxid und zur Befreiung von Sauerstoff über einen 700 °C heißen Titanschwamm geleitet.

Flüssige Edukte und Lösungsmittel wurden an der Schutzgasanlage im Argon Gegenstrom durch Einwegspritzen zugegeben, wobei die ca. 30 cm langen Metallkanülen mit Hilfe von Parafilm fixiert wurden. Zusätzlich wurden die Spritzen vor der Probenentnahme mehrere Male im Gegenstrom mit Argon gespült. Feststoffe und Ionische Flüssigkeiten wurden, sofern nicht anders beschrieben, im Hochvakuum bei 100 °C getrocknet. Die verwendeten Chemikalien sind im Handel in hoher Reinheit erhältlich und wurden daher ohne zusätzliche Reinigung eingesetzt.

## 2.2 Verwendete Chemikalien

**Tabelle 1.** Bezugsquellen der käuflich erwerblichen Ausgangssubstanzen.

| Substanz | Summenformel | Reinheit | Bezugsquelle |
|---|---|---|---|
| (2-Bromophenyl)diphenylphosphan | $C_{18}H_{15}BrP$ | 97 % | Sigma-Aldrich |
| 1,4-Dithian | $C_4H_8S_2$ | 97 % | Sigma-Aldrich |
| 18-ane-S6 | $C_{12}H_{24}S_6$ | 97 % | Sigma-Aldrich |
| 18-Krone-6 | $C_{12}H_{24}O_6$ | 99 % | Sigma-Aldrich |
| Benzyltriphenylphosphoniumbromid | $C_{25}H_{22}BrP$ | 96 % | Sigma-Aldrich |
| Blei(II)-iodid | $I_2Pb$ | 99,999 % | Sigma-Aldrich |
| Brom | $Br_2$ | 99,99 % | Sigma-Aldrich |
| Cadmium(II)-iodid | $CdI_2$ | 99,999 % | Sigma-Aldrich |
| Diethylether | $C_4H_{10}O$ | reinst | Seulberger |
| Iod | $I_2$ | 99,99 % | ABCR |

| | | | |
|---|---|---|---|
| Iodmonochlorid | ICl | 99,998 % | Sigma-Aldrich |
| Lithium bis(trifluoromethansulfonyl)imid | $C_2F_6LiNO_4S_2$ | 97 % | Sigma-Aldrich |
| $N$-Butyl-$N$-methylpyrrolidiniumtriflat | $C_{11}H_{20}F_6N_2O_4S_2$ | 98 % | Iolitec |
| $N$-Decylbromid | $C_{11}H_{21}Br$ | 98 % | Sigma-Aldrich |
| $N$-Methylpyrrolidin | $C_5H_{11}N$ | 99 % | Sigma-Aldrich |
| Tributylmethylammoniumchlorid (70%ige Lösung) | $C_{13}H_{30}ClN$ | --- | Sigma-Aldrich |
| Triphenylphosphan | $C_{18}H_{15}P$ | 99 % | ABCR |
| Zink(II)-iodid | $I_2Zn$ | 99.995 % | ABCR |
| Zinn(IV)-iodid | $I_4Sn$ | 99,999 % | Sigma-Aldrich |

## 2.3 Synthese und Reinigung der Ausgangsverbindungen

*Darstellung von [(n-Bu)$_3$MeN][N(Tf)$_2$]*

50 g (175 mmol) Li[N(Tf)$_2$] wurden in 150 mL H$_2$O (entionisiert) gelöst und unter Rühren mit 57,8 g (184 mmol) einer 75%igen wässrigen [($n$-Bu)$_3$MeN]Cl-Lösung versetzt. Nach ca. 15 min hatten sich unter Rühren zwei Phasen gebildet. Nach der Zugabe 200 ml entionisierten Wassers und 100 ml CH$_2$Cl$_2$ erfolgte die Abtrennung der wässrigen Phase mit Hilfe eines Scheidetrichters. Die verbleibende organische Phase wurde mehrmals mit ca. 100 mL Wasser chloridfrei gewaschen. Auf einem Uhrglas wurde dies durch Zugabe von AgNO$_3$ zu einigen Tropfen der Reaktionslösung überprüft. Das Produkt wurde anschließend für mindestens drei Tage unter Hochvakuum bei 100 °C getrocknet [27]. Die Substanzidentifikation erfolgte mittels NMR: $^1$H-NMR (400 MHz, Aceton-d6, 25 °C): δ = 0,96 (t, 3 H, CH$_2$–*CH$_3$*), 1,38 (sext, 2 H, CH$_2$–*CH$_2$*–CH$_3$), 1,7 (quint, 2 H, CH$_2$–*CH$_2$*–CH$_2$), 3,2 (s, 3 H, R$_3$N–*CH$_3$*), 3,44 (m, 2 H, R$_3$N–*CH$_2$*–CH$_2$).

*Darstellung von [C$_{10}$MPyr]Br*

Zu einer Lösung aus 8,5 g (100 mmol) $N$-Methylpyrrolidin in 70 mL trockenem Acetonitril wurde tropfenweise 23,3 g (100 mmol) $N$-Decylbromid zugegeben, für 18 h refluxiert und nach Abkühlung auf Raumtemperatur unter Vakuum eingeengt. Nach Zutropfen dieser konzentrierten Lösung zu kaltem Toluol fiel [C$_{10}$MPyr]Br in Form eines weißen Pulvers aus. Das Reaktionsprodukt wurde abfiltriert, zweimal aus trockenem Acetonitril/Toluol umkristallisiert und im Anschluss für zwei Tage unter Hochvakuum bei 70 °C getrocknet. Die Substanzidentifikation erfolgte mittels NMR: $^1$H-NMR (400 MHz, Aceton-d6, 25 °C): δ = 0,88 (t, 3 H, **8**), 1,24 (s, 14 H, **7**), 1,75 (m, 2 H, **6**), 2,25 (m, 4 H, **2** / **3**), 3,30 (s, 3 H, **9**), 3,64 (m, 2 H, **5**), 3,84 (m, 4 H, **1** / **4**) [28].

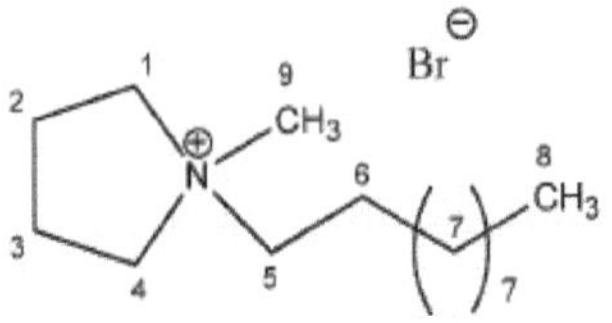

**Abbildung 2.** Protonen-Nummerierung für das Kation von [C$_{10}$MPyr]Br.

## 2.4 Analytische Methoden

### 2.4.1 Röntgenbeugung an Einkristallen

Einkristalldiffraktometrie ist die älteste und präziseste Methode zur Strukturaufklärung und ermöglicht sowohl die Identifizierung bekannter als auch die Strukturbestimmung neuartiger Substanzen. Als einkrallin wird eine Verbindung bezeichnet, wenn ihre Baugruppen (Atome, Ionen, Moleküle) ein periodisches Gitter bilden, also eine Fernordnung in allen drei Raumrichtungen aufweisen. Durch Beugung von Röntgenstrahlung an parallelen Netzebenen des rotierenden Einkristalls entsteht ein Beugungsbild aus Reflexen, welches für jede Netzebenenschar (*hkl*) charakteristisch ist. Auswertung von Position und Intensität der einzelnen Reflexe ermöglicht die Lokalisierung der Elektronendichtemaxima und damit eine genaue Bestimmung von Atompositionen und Bindungslängen [29].

Zur Erzeugung von Röntgenstrahlung durch eine Röntgenröhre sind zwei unterschiedliche Prozesse von Bedeutung. Die so genannte Bremsstrahlung (kontinuierliches Spektrum) und die charakteristische Röntgenstrahlung (Linienspektrum). In Folge der Bestrahlung einer als Anode fungierenden ebenen Metallplatte (meistens Cu, Ag oder Mo) durch einen fein fokussierten Elektronenstrahl mit einer Spannung von 30 – 60 kV werden die beschleunigten Elektronen im elektrischen Feld der Metallionen abgebremst. Die Bremsstrahlung entsteht hierbei durch Umwandlung der kinetischen Energie der Elektronen in Strahlung, wobei die kontinuierliche Energieverteilung aus der unterschiedlich starken Abbremsung der Elektronen resultiert. Die für röntgenografische Zwecke wichtigere charakteristische Röntgenstrahlung überlagert die Bremsstrahlung. Sie entsteht, wenn durch Elektronenstöße ein Elektron unter Ionisierung des betreffenden Metallatoms aus einer Schale herausgeschlagen und durch ein Elektron einer höher gelegenen Schale aufgefüllt wird. Daraus resultiert Emission von Röntgenstrahlung einer scharf definierten Wellenlänge. Für die meisten Beugungsexperimente verwendet man die besonders starke $K_\alpha$-Strahlung ($\lambda_{Mo}$ = 71,07 pm; $\lambda_{Cu}$ = 154,8 pm), welche mittels Einkristall-Monochromatoren von der störenden Strahlung anderer Wellenlängen abgetrennt wird.

Trifft die monochromatische Röntgenstrahlung auf die zu untersuchende kristalline Probe, werden Elektronen zu erzwungenen Schwingungen angeregt und emittieren dadurch kugelförmige Sekundärwellen gleicher Frequenz. In Abhängigkeit des Einfallswinkels $\theta$ und des Netzebenenabstands $d$ kommt es zu unterschiedlichen Interferenzerscheinungen der einzelnen Kugelwellen. Konstruktive Interferenz ergibt sich, wenn für eine Schar von Netzebenen die von *Bragg* formulierte Reflexionsbedingung erfüllt ist. Diese besagt, dass der Gangunterschied zweier an Netzebenen im Abstand $d$ gebeugten Röntgenstrahlen gleich einem ganzzahligen Vielfachen der eingestrahlten Wellenlänge sein muss.

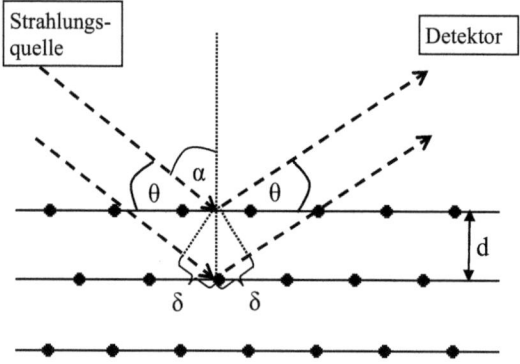

**Abbildung 3.** Schemazeichnung zur Röntgenbeugung an einem Gitter.

Deutlich wird diese Beziehung aus der allgemein gültigen Bedingung, dass der Gangunterschied zweier Wellen für konstruktive Interferenz einem ganzzahligen Vielfachen der eingestrahlten Wellenlänge entsprechen muss:

$$2\delta = n \cdot \lambda$$

Der Gangunterschied $\delta$ ist durch folgende Sinus-Funktion definiert:

$$\delta = d \cdot \sin \theta$$

Durch Kombination beider Gleichungen resultiert die Bragg-Gleichung:

$$n \cdot \lambda = 2d \cdot \sin \theta$$

Aus der gegebenen Wellenlänge und dem Ablenkungswinkel $2\theta$ der konstruktiv interferierenden Wellen lässt sich somit der Netzebenenabstand $d$ berechnen. Das Fehlen von Reflexen aufgrund symmetriebedingter destruktiver Interferenz der gebeugten Röntgenstrahlen (systematische Auslöschungen), entsteht bei Wellenlängen, die als halbzahliges Vielfaches einer anderen Wellenlänge auftreten.

Zur Strukturaufklärung werden möglichst viele Reflexe benötigt, was durch unterschiedliche Orientierungen des Kristalls zum Röntgenstrahl realisiert wird. Die Information über die räumliche Lage der einzelnen Netzebenenscharen im reziproken Gitter ist in den so genannten Millerschen Indizes ($hkl$) enthalten. Mit Hilfe dieser Informationen wird es möglich die Gitterkonstanten $a$, $b$ und $c$ und somit auch die kristallografische Elementarzelle zu bestimmen. Für ein orthorhombisches Kristallsystem ist die Relation zwischen realem und reziprokem Gitter beispielsweise:

$$\frac{1}{d^2} = \frac{h^2}{a^2} + \frac{k^2}{b^2} + \frac{l^2}{c^2}$$

Die effektive Messgröße ist aufgrund des Nichtvorhandenseins geeigneter Linsen für Röntgenstrahlung die Strahlungsintensität bzw. der Strukturfaktor $F_{hkl}$. Dieser steht mit der gemessenen Intensität $I_{hkl}$ in folgender Relation:

$$I_{hkl} \propto \left| F_{hkl} \right|^2$$

Definiert ist der Strukturfaktor als Fourier-Transformierte der Elektronendichte $\rho$:

$$F_{hkl} = \int_0^a \int_0^b \int_0^c \rho(x,y,z) \cdot \exp\left[2\pi i \left( \frac{hx}{a} + \frac{ky}{b} + \frac{lz}{c} \right)\right] dx\, dy\, dz$$

Die einzelnen Atompositionen entsprechen somit den Positionen der Elektronendichtemaxima. Aus der Proportionalität zwischen Elektronendichte und Reflexintensität wird leicht ersichtlich, warum vor allem Wasserstoffatom-Positionen mittels

Röntgenbeugung oftmals nicht lokalisierbar sind. Aufgrund der Beziehung zwischen Betragsquadrat des Strukturfaktors und Reflexintensität geht die Information über das Vorzeichen der Amplitude verloren, weshalb der Phasenwinkel als Messgröße nicht zugänglich ist. Dieses so genannte Phasenproblem der Röntgenstrukturanalyse erklärt den erheblichen Aufwand der Strukturlösungsmethoden. Das meist durch Direkte Methoden oder durch die Patterson-Methode ermittelte Strukturmodell enthält zwar die Atomkoordinaten, allerdings mehr oder weniger große Modell- sowie Datensatz-bedingte Fehler in den entsprechenden Parametern. Bei der Strukturverfeinerung wird der Strukturfaktor als Summe der atomaren Streufaktoren $f$ aller $N$ Atome $j$ in der Elementarzelle beschrieben:

$$F_{hkl} = \sum_{j}^{N} f_j \cdot \exp[2\pi i (hx_j + ky_j + lz_j)]$$

Diese Gleichung ermöglicht die Berechnung des Strukturfaktors aus den Atomkoordinaten x, y und z. Man geht hier von Elektronendichten kugelförmiger Atome aus, welche nicht mit ihren Nachbaratomen überlappen. Ziel der Strukturverfeinerung ist es nun, das Strukturmodell solange zu variieren, bis der Unterschied zwischen den experimentell ermittelten und den aus dem Modell errechneten Strukturfaktoren $F_{hkl}$ minimal wird. Mathematisch gesehen bedient man sich hierzu der Methode der kleinsten Fehlerquadrate. Es muss allerdings zusätzlich beachtet werden, dass Atome im Kristallgitter um ihre Ruheposition schwingen und sich nicht punktförmig auf fixierten Lagen des Translationsgitters befinden. Eine typische thermische Schwingungsdauer mit ca. $10^{-14}$ s dauert wesentlich länger als die Belichtungsdauer durch Röntgenstrahlung (ca. $10^{-18}$ s) und macht ihre Berücksichtigung bei der Strukturverfeinerung daher notwendig. Eine gleichstarke Schwingung in alle Raumrichtungen kann man mit Hilfe des isotropen Auslenkungsfaktors $U$ durch folgende Formel beschreiben:

$$f' = f \cdot \exp\left\{-8\pi U \frac{\sin^2 \theta}{\lambda^2}\right\}$$

Im Realfall ist die Atomauslenkung jedoch unterschiedlich stark und von der jeweiligen Raumrichtung abhängig. Diese anisotropen Auslenkungen lassen sich durch die Schwingungsellipsoide der drei Hauptachsen $U_1$, $U_2$ und $U_3$ bzw. durch die 6 Parameter $U^{ij}$ beschreiben:

$$f' = f \cdot \exp\left\{-2\pi^2 (U^{11} h^2 a^{*2} + U^{22} k^2 b^{*2} + \ldots + 2U^{12} hk a^* b^*\right\}$$

Bei der grafischen Darstellung der Strukturen werden $U_1$, $U_2$ und $U_3$ so skaliert, dass das Ellipsoid eine Aufenthaltswahrscheinlichkeit des Elektronendichteschwerpunktes von 50 % aufweist.

Als Qualitätskriterium für ein ermitteltes Strukturmodell verwendet man sogenannte Zuverlässigkeitsfaktoren bzw. R-Werte (engl. *residual*). Die mittlere prozentuale Abweichung zwischen berechneten und beobachten Strukturamplituden wird durch den konventionellen R-Wert beschrieben:

$$R = \frac{\sum_{hkl} \Delta_1}{\sum_{hkl} |F_0|} = \frac{\sum_{hkl} \left\| |F_0| - |F_c| \right\|}{\sum_{hkl} |F_0|}$$

Sollen die aus der Strukturverfeinerung verwendeten Gewichte mit eingehen, verwendet man den gewichteten R-Wert. Da bei den *wR2*-Werten der Fehler quadriert wird, können mit ihm kleinere Fehler im Strukturmodel besser ausfindig gemacht werden.

$$wR = \sqrt{\frac{\sum_{hkl} w\Delta_1^2}{\sum_{hkl} wF_0^2}} \quad bzw. \quad wR_2 = \sqrt{\frac{\sum_{hkl} w\Delta_2^2}{\sum_{hkl} w(F_0^2)^2}} = \sqrt{\frac{\sum_{hkl} w(F_0^2 - F_c^2)^2}{\sum_{hkl} w(F_0^2)^2}}$$

Außerdem von Interesse ist der so genannte Gütefaktor *GooF* (*Goodness of fit*), welcher im Idealfall den Wert 1 annimmt:

$$GooF = \sqrt{\frac{\sum_{hkl} w\Delta^2}{m-n}} \qquad \text{m = Reflexzahl, n = Parameterzahl}$$

Wenn ausreichend viele Verfeinerungscyclen durchlaufen wurden, konvergieren die Werte für *R1*, *wR2* und *GooF* und die Strukturverfeinerung ist beendet.

Die praktische Durchführung einer Einkristallstrukturanalyse gliedert sich in drei Schritte: Der erste und zumeist aufwendigste ist das Erhalten eines Einkristalls geeigneter Größe, Transparenz und Kantenglätte. All diese Faktoren haben einen Einfluss auf die Periodizität des Kristallgitters und damit auf die Anzahl der Gitterfehler. Hierzu wurde in einer Glovebox mit integriertem Mikroskop ein geeigneter Einkristall in einem Tropfen Inertöl (Kel-F) isoliert, mit einer Kapillare (0,2 oder 0,3 mm Durchmesser) eingesaugt und auf eine Länge von ca. 3 cm abgeschmolzen. Temperaturempfindliche Substanzen wurden mit der in Abbildung 4 gezeigten Kühlvorrichtung selektiert. $N_2$-Gas wurde hierbei über herkömmliche

Vakuumschläuche durch eine mit flüssigem $N_2$ gekühlte Kühlwendel geleitet. Mittels 3-Wege-Hähnen konnte dieser sowohl zu den beiden Schlenk-Gefäßen mit der Substanz, dem Inert-Öl (Kel-F) als auch zu der in der Vergrößerung gezeigten Einkristall-Selektier-Vorrichtung geleitet werden.

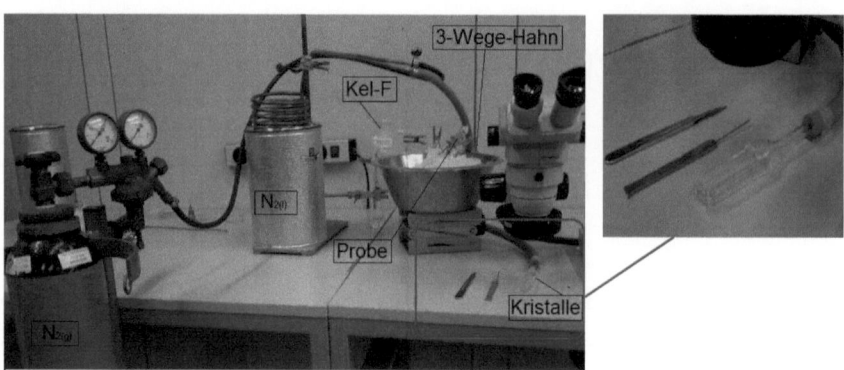

**Abbildung 4.** Kühlvorrichtung zur Handhabung luft-, feuchtigkeits- und temperaturempfindlicher Kristalle unter einem gekühlten $N_2$-Strom.

Im zweiten Schritt folgte die Justierung des Einkristalls im Kühlstrom (200 K) der Messvorrichtung eines Einkristalldiffraktometers (IPDS II, Firma STOE), wobei zunächst anhand einiger Orientierungsmessungen (ca. 10 min Belichtungszeit, $0 < \varphi < 360°$) die Gitterparameter und Messparameter (Belichtungszeit, Schrittweite) für die eigentliche Messung ermittelt wurden (Abbildung 5). Die Datensammlung erfolgte mit Belichtungszeiten zwischen 5 und 20 Minuten und Drehwinkeln zwischen 0.5 und 2°.

Der dritte Schritt besteht aus der Verarbeitung der erhaltenen Rohdaten mit ergänzenden chemischen Informationen, um letztendlich ein Modell zur Anordnung der Atome zu erhalten und zu verfeinern. Nach der Datenreduktion mittels X-RED wurde mit XPREP anhand systematischer Auslöschungen die Raumgruppe ermittelt [30,31]. Die anschließende Strukturlösung und -verfeinerung wurde mit dem Programmpaket SHELX durchgeführt, wobei für alle Atome mit Ausnahme von Wasserstoff anisotrope Temperaturfaktoren verfeinert und die Lage von Wasserstoffatomen anhand idealisierter C-H-Bindungen berechnet wurden [32]. Absorptionskorrekturen erfolgten mit dem Programm X-SHAPE [33]. Die grafische Darstellung der Kristallstrukturen erfolgte mit dem Programm DIAMOND [34]. Zur Recherche bekannter Kristallstrukturen wurden die Datenbanken CCDC, ICSD und CAS verwendet.

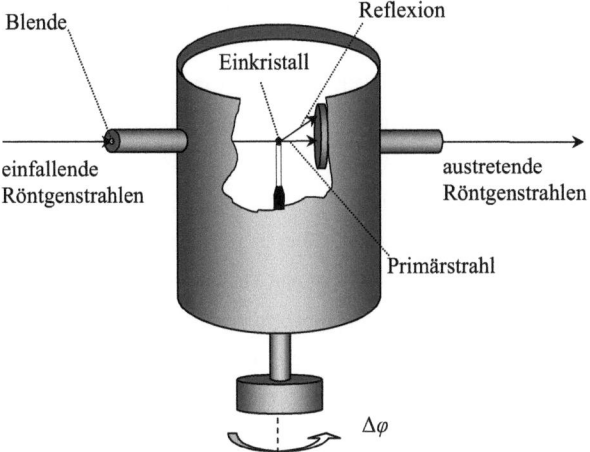

**Abbildung 5.** Schematischer Aufbau des Drehkristall-Verfahrens.

## 2.4.2 Röntgenbeugung an Pulvern

Viele der bereits in Kapitel 2.4.1 angesprochenen Punkte treffen auch auf die Röntgenbeugung an pulverförmigen Proben zu. Der wesentliche Unterschied zwischen Pulver- und Einkristalldiffraktometrie liegt in der Beschaffenheit der Probe und dem daraus resultierenden Beugungsbild. Im Gegensatz zu Einkristallen, welche scharfe Röntgenreflexe liefern (Abbildung 6 a)), werden bei polykristallinen Pulvern Ringe beobachtet (Abbildung 6 b)).

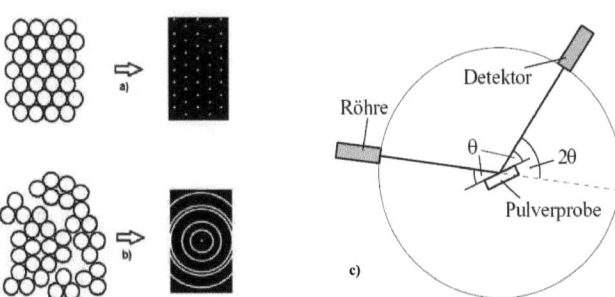

**Abbildung 6.** Beugungsbild einer a) einkristallinen und b) polykristallinen Probe; c) Schematischer Aufbau eines Pulverdiffraktometers.

Grund dafür ist die statistische Verteilung der quasi unendlichen Zahl an Kristalliten in einem Pulver und die damit verbundenen unterschiedlichen Kristallorientierungen, wodurch in Abhängigkeit des Öffnungswinkels $2\theta$ zwischen einfallendem Röntgenstrahl und der Netzebenenschar (*hkl*) alle Reflexe simultan ermittelt werden. Pulverdaten werden in Form von Diffraktogrammen präsentiert, in welchen die Reflexintensitäten als Funktion des Streuwinkels $2\theta$ aufgetragen werden. Dies hat den Vorteil der Unabhängigkeit von der Wellenlänge. Die Röntgenbeugung an pulverförmigen Proben ist aufgrund der einfachen Probenpräparation und der verhältnismäßig kurzen Messdauer eine geeignete Methode zur schnellen Identifizierung mikrokristalliner Verbindungen und Phasengemischen. Neben dem Abgleich mit bekannten Pulverdiffraktogrammen aus Datenbanken und der Berechnung der Kristallitgröße aus der Reflexbreite, besteht die Möglichkeit, die erhaltenen experimentellen mit den aus Einkristallmessungen berechneten Daten zu vergleichen. Somit können Aussagen zur Phasenreinheit von Verbindungen ohne Referenzdiffraktogrammen getroffen werden. Generell ist auch eine Kristallstrukturanalyse durch Röntgenbeugung an polykristallinen Verbindungen möglich. Dies geschieht mit Hilfe der sogenannten Rietveld-Methode und eignet sich insbesondere zur Verfeinerung von Strukturen eines bekannten Strukturtyps mit hoher (aber nicht zu hoher) Symmetrie und wenigen Atomen in der asymmetrischen Einheit [35].

Feuchtigkeitsempfindliche Substanzen wurden nach dem Mörsern in der Glovebox in Glas-Kapillaren (Ø = 0,2/0,3/0,5 mm) überführt, wobei die Wahl der geeigneten Kapillar-Größe von der Ordnungszahl des schwersten Elements der Probe abhängt. Ein ca. 4 cm langer Teil der Kapillare wurde abgeschmolzen, im Probenhalter fixiert und mit Feststellschrauben so justiert, dass Präzession und Nutation der sich drehenden Kapillare möglichst gering waren. Verbindungen, die sich unter Luftkontakt nicht zersetzen, wurden gemörsert und mittels Klebestreifen und Acetatfolie in einem Transmissions-Probenträger fixiert. An einem Pulverdiffraktometer vom Typ STADI P der Firma STOE erfolgte anschließend die Messung im Transmissionsmodus. Die verwendete Cu-Röntgenröhre „STOE Long Fine Focus PW 2783/00" wurde mit 40 kV bei 40 mA betrieben. Die dabei entstehende Cu-K$\alpha_1$ Strahlung mit einer Wellenlänge von 154,04 pm wurde mittels Ge-Primär-Monochromator gefiltert und durch eine Image-Plate der Firma STOE & CIE (Darmstadt) detektiert. Die erhaltenen Pulverdiffraktogramme wurden unter Verwendung des Programms Win-XPOW (Ver. 2.12, Firma STOE & CIE) ausgewertet und mit Diffraktogrammen aus der ICDD-Datenbank verglichen.

## 2.4.3 Differenzthermoanalyse / Thermogravimetrie

Das Einsatzfeld thermischer Analysen ist sehr vielseitig: Neben Untersuchungen von Brennprozessen, thermischen Abbaureaktionen und Feuchtigkeitsbestimmungen können Aussagen zur thermischen Stabilität (qualitative Bestimmung von Schmelz- und Siedetemperatur), Oxidationsbeständigkeit und Zusammensetzungen mehrphasiger Systeme gewonnen werden. Des Weiteren lassen sich oftmals wichtige Informationen aus einer weiterführenden Analyse des resultierenden Rückstandes erhalten.

Bei der Differenzthermoanalyse (DTA) wird die Temperaturdifferenz zwischen der zu untersuchenden Probe und einer inerten Referenzprobe aufgenommen, wobei beide einem vorgegebenen Temperatur-Zeit-Programm unterworfen werden. Der Messvorgang findet üblicherweise unter Inertgasatmosphäre statt, die Möglichkeit zur Untersuchung des Reaktionsverhaltens gegenüber einem reaktiven Gas ist jedoch auch gegeben. Bei der Auswertung wird die Temperaturdifferenz von Probe und Referenz gegen die Temperatur des Programms aufgetragen (Abbildung 7). Die Differenz beider Grafen ist gleich null, solange sich die Probe inert verhält. Findet in der Probe ein Vorgang unter Wärmeabgabe oder -aufnahme statt, beispielsweise Schmelzen, Verdampfen oder Zersetzung, so führt dies zu einer schnelleren, beziehungsweise langsameren Erwärmung im Vergleich zur Referenz [36].

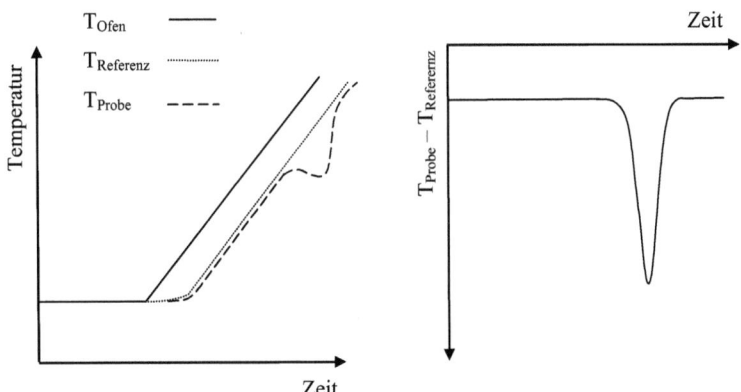

**Abbildung 7.** Temperatur-Zeit-Kurven bei einer endothermen Reaktion (links) und Temperaturdifferenz zwischen Probe und Referenzprobe als Funktion der Zeit (rechts).

Eine Kopplung der Differenzthermoanalyse mit einer Mikrowaage ermöglicht zusätzlich eine Thermogravimetrische Analyse (TG). Sie stellt eine einfache, aber effiziente Methode zur Untersuchung von Gewichtsänderungen einer Probe während eines vorgegebenen

Temperatur-Zeit-Programms dar. Aus der grafischen Auftragung nach steigender Temperatur wird ersichtlich, bei welcher Temperatur eine Gewichtsänderung in Form von Fragmentierung, Sublimation oder Verdampfung eintritt. Es ist dabei zu beachten, dass insbesondere bei Messungen ohne Inertgasatmosphäre auch Reaktionen unter Gewichtszunahme möglich sind, beispielsweise durch Reaktion mit $O_2$ oder $H_2O$ aus der Luft. Ebenso erschwerend für die Auswertung thermogravimetrischer Analysen sind Verunreinigungen der Messsubstanz (beispielsweise durch Ionische Flüssigkeiten). Maßgeblich für aussagekräftige Ergebnisse ist zudem die richtige Wahl der Heizrate: Mit mehr als 10 °C / min besteht die Gefahr einer sofortigen Pyrolyse der Probe und stärkerer Auftriebs- und Strömungseffekte.

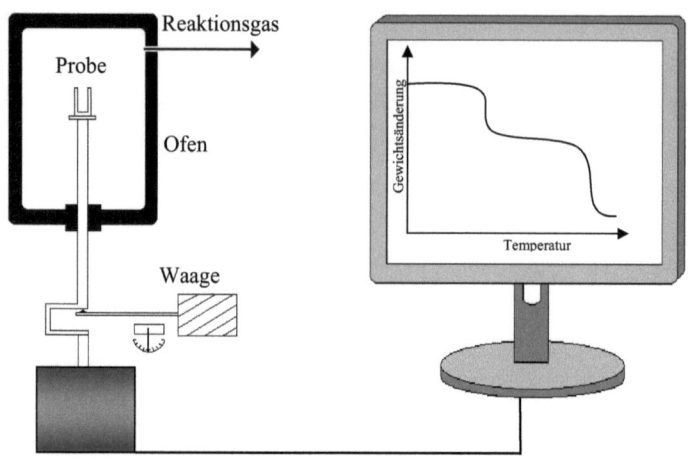

**Abbildung 8**. Schematischer Versuchsaufbau für die Thermogravimatrie.

Zur Analyse wurde zunächst ein Korund-Tiegel durch mehrstündiges Kochen in Königswasser gereinigt, mit entionisiertem Wasser gespült und bei ca. 90 °C getrocknet. Nach Ermittlung des Leergewichts des Tiegels folgte die Einwaage von 20 mg Substanz in der Glovebox.

Mit einer konstanten Heizrate (20 °C $\xrightarrow{10\ °C\ /\ min}$ 900 °C) wurden die thermischen Analysen unter $N_2$-Atmosphäre an einem Gerät der Firma NETZSCH vom Typ STA 409C durchgeführt. Die Auswertung erfolgte mit dem Programm PROTEUS Thermal Analysis V4.08 der Firma NETZSCH.

## 2.4.4 Kernresonanzspektroskopie

Kernresonanzspektroskopie, auch bekannt unter dem Namen NMR-Spektroskopie (von engl. *nuclear magnetic resonance*), stellt eine bedeutende Analysemethode dar, welche wichtige Informationen bezüglich Struktur und Dynamik von Molekülen liefern kann. Kernresonanz beschreibt hierbei den Effekt, bei welchem der Kernspin eines Atomkerns in einem externen magnetischen Feld elektromagnetische Strahlung absorbiert und reemittiert. Grundvoraussetzung für eine Untersuchung mittels NMR sind also Isotope, die einen Kernspin besitzen. Dazu müssen sie eine ungerade Nukleonenzahl aufweisen. Der Kernspin $p$ ist hierbei in Abhängigkeit von der Kernspinquantenzahl $I$ definiert als:

$$p = \frac{h}{2\pi}\sqrt{I(I+1)}$$

$$I = {}^1/_2, 1, {}^3/_2, 2, {}^5/_2, 3, \ldots$$

$$m_I = -I, -I+1, \ldots, I-1, I$$

Durch Anwesenheit eines externen Magnetfeldes wird bedingt durch den sogenannten Zeeman-Effekt die energetische Entartung der Zustände $m_I$ aufgehoben. Insgesamt existieren also $2I + 1$ Möglichkeiten sich in einem äußeren Magnetfeldes auszurichten. Für $^1$H ($I = \frac{1}{2}$) gibt es beispielsweise zwei Ausrichtungsmöglichkeiten: einerseits parallel, andererseits antiparallel zum Magnetfeld, wobei erstere energetisch begünstigt ist und die Energiedifferenz beider Ausrichtungen linear mit der externen Magnetfeldstärke zunimmt. Absorption elektromagnetischer Strahlung einer bestimmten Wellenlänge führt zu einer Spinumkehr von antiparallel zu parallel bezüglich der Feldlinien des äußeren Magnetfeldes. Der absorbierten Energie entspricht eine bestimmte Frequenz, welche als Resonanzfrequenz oder Larmorfrequenz bezeichnet wird. Um diese Resonanzfrequenz zu erreichen, muss die Feldstärke des externen Magnetfeldes so lange erhöht werden, bis die durch Elektronen bedingte Abschirmung am Atomkern gleich der äußeren Feldstärke ist. Dieser Effekt wird als „Chemische Verschiebung" bezeichnet und ist wie folgt definiert:

$$\delta = \frac{v_{Probe} - v_{Ref}}{v_{Ref}} \cdot 10^6 \quad (v_{Probe}: \text{RF der Probe}; v_{Ref}: \text{RF der Referenzverbindung})$$

Des Weiteren ist der Einfluss durch die magnetischen Momente benachbarter Atomkerne auf die Magnetfeldstärke des betrachteten Atomkerns zu beachten. Dieser als Spin-Spin-Kopplung bezeichnete Effekt äußert sich in Form einer Aufspaltung des Resonanzsignals in mehrere Signale. Lage und Aufspaltung der Signale liefern wichtige Informationen zu Anzahl und Kernspin der benachbarten Atome und ermöglichen damit die Erschließung der Struktur des untersuchten Moleküls.

Kernresonanzspektroskopische Untersuchungen erfolgten unter Verwendung des deuterierten Lösungsmittels Aceton-d6 an einem NMR-Gerät vom Typ Avance 400 (Bruker, Ettlingen).

### 2.4.5 Raman-Schwingungsspektroskopie

Die Raman-Schwingungsspektroskopie basiert auf dem durch den indischen Physiker *C. V. Raman* entdeckten gleichnamigen Effekt und stellt eine spektroskopische Methode zur Untersuchung inelatistischer Streuung von Licht an Molekülen oder Festkörpern dar. Anhand der Frequenzunterschiede zum eingestrahlten Licht, der zugehörigen Intensitäten und der Polarisation des gestreuten Lichts können Aussagen zu der Zusammensetzung und Struktur des untersuchten Materials getroffen werden. Raman-Spektren erlauben zudem Aussagen zur Struktur symmetrischer Moleküle (z.B. $XeF_4$ oder $SF_6$), welche mittels IR-Schwingungs-Spektroskopie nicht möglich wären [37].

Werden Moleküle mit monochromatischem Licht bestrahlt, beispielsweise durch einen Laser, können drei verschiedene Prozesse eintreten. Ein elastischer Stoß eines Photons mit einem Molekül führt zu keiner Energieänderung und damit auch zu keiner Frequenzänderung. Diese Streuung wird als *Rayleigh*-Streuung bezeichnet und äußert sich im Raman-Spektrum als Frequenz des verwendeten Lasers. Eine Verschiebung zu niedrigeren Frequenzen des Streulichts tritt ein, wenn das Molekül nach dem Stoß eine höhere Schwingungsenergie besitzt (*Stokes*-Linien). Die zweite Möglichkeit eines inelastischen Stoßes zwischen Photon und Molekül resultiert in einer niedrigeren Schwingungsenergie des Moleküls und in einer höheren Frequenz des Streulichts (*Anti-Stokes*-Linien). In einem Raman-Spektrum werden daher Banden, die zu kleineren Wellenzahlen verschoben sind, als Stokes-Raman-Banden bezeichnet und besitzen in der Regel deutlich höhere Intensitäten als Banden bei höheren Wellenzahlen (Anti-Stokes-Raman-Banden). Aussagen zu charakteristischen Molekülschwingungen werden daher meist anhand der Stokes-Raman-Banden getroffen. Die allgemeine Auswahlregel für die Raman-Spektroskopie besagt, dass sich die Polarisierbarkeit des Moleküls ändern muss. Bei der IR-Spektroskopie muss hingegen eine Änderung des Dipolmomentes des Moleküls eintreten. Besitzt ein Molekül ein Symmetriezentrum, sind demnach symmetrische Schwingungen in Bezug auf dieses Zentrum IR-verboten und Schwingungen, die antisymmetrisch erfolgen, Raman-verboten.

Die Probenpräparation im Rahmen dieser Arbeit erfolgte durch Einwaage einiger Milligramm der zu untersuchenden Substanz in eine Glaskapillare mit 1 mm Durchmesser, welche im Anschluss unter Argon-Schutzgasatmosphäre abgeschmolzen wurde. Raman-spektroskopische Untersuchungen erfolgten bei Raumtemperatur an einem FT-Raman-Spektrometer vom Typ MultiRam (Firma Bruker, Ettlingen). Die Anregungswellenlänge des Nd:YAG-Lasers betrug 1064 nm.

# 3 Ergebnisse und Diskussion

## 3.1 Ionische Flüssigkeiten als Reaktionsmedium

Aufbauend auf früheren Arbeiten sollen in den folgenden Kapiteln weitere Untersuchungen zur Eignung Ionischer Flüssigkeiten als Reaktionsmedium neuartiger Festkörper erfolgen [25,38,76]. Ionische Flüssigkeit sind bei geeigneter Wahl der Kationen und Anionen, wie experimentelle Daten belegen, chemisch beständig gegenüber Oxidation und Reduktion [39–41]. Wichtige Auswahlkriterien bezüglich der Ionischen Flüssigkeit für die folgenden Umsetzungen sind eine besonders hohe Oxidationsresistenz, eine gute Edukt-Löslichkeit und ein möglichst niedriger Schmelzpunkt. Unter Berücksichtigung aller drei Punkte sollen sowohl eine Reaktionsdurchführung als auch eine Kristallisation bei niedrigen Temperaturen ermöglicht und ungewünschte Nebenreaktionen vermieden werden.

Trotz der eingangs angesprochenen Redoxstabilität darf man nicht von jeder Ionischen Flüssigkeit ein breites "elektrochemischen Fenster" erwarten: Umsetzungen mit den Ionischen Flüssigkeiten [EMIM][NO$_3$] bzw. [BMIM]I zeigten beispielsweise ein ebenso reduktions- bzw. oxidationsempfindliches Reaktionsverhalten wie klassische Nitrat-/Iodidsalze. So führt beispielsweise eine äquimolare Umsetzung von [EMIM][NO$_3$] mit SnI$_4$ bei 50 °C zur Bildung von [EMIM][I$_3$] [42]. Dieses Ergebnis ist nicht ungewöhnlich, gibt jedoch eine wichtige Hilfestellung bei der Suche nach einer für Redoxchemie geeigneten Ionischen Flüssigkeit. Weiterhin kann davon ausgegangen werden, dass Ammonium- und Pyrrolidinium-basierte Ionische Flüssigkeiten eine höhere Oxidationsresistenz aufweisen als solche mit aromatischen Kationen wie z. B. Imidazolium [43]. Darüber hinaus zeigen lange Alkylketten eine Tendenz zu Eliminierungs- und Retroalkylierungsreaktionen und sollten daher ebenfalls vermieden werden [21,44]. Als Anion eignen sich schwach koordinierenden Anionen [N(Tf)$_2$]$^-$ und [OTf]$^-$ sowie die vergleichsweise redoxstabilen Halogenid-Anionen Cl$^-$ und Br$^-$ [45].

Unter Berücksichtigung der genannten Punkte erfolgen die Synthesen in der vorliegenden Arbeit entweder in der RTIL [($n$-Bu)$_3$MeN][N(Tf)$_2$] oder einem äquimolaren Gemisch aus [C$_{10}$MPyr]Br und der RTIL [C$_4$MPyr]OTf. Die Eignung der Ionischen Flüssigkeit [($n$-Bu)$_3$MeN][N(Tf)$_2$] in der anorganischen Synthese wurde bereits in früheren Arbeiten anhand ausführlicher Untersuchungen zur thermischen und redoxchemischen Stabilität gezeigt [46]. Aufgrund ihres salzartigen Charakters sind Ionische Flüssigkeiten – insbesondere bei Verwendung chemisch verwandter Kationen – miteinander mischbar. Bei dem im Folgenden verwendeten eutektischen Gemisch aus [$C_{10}$MPyr]Br und [$C_4$MPyr]OTf wird sowohl eine hohe Redoxstabilität als auch Löslichkeit in Bezug auf elementares Brom und Iodmonochlorid beobachtet. Hierbei kann [$C_{10}$MPyr]Br die Funktion des „Bromid-Donors" und [$C_4$MPyr]OTf die des „Schmelzpunkterniedrigers" zugeschrieben werden ($T_M$([$C_{10}$MPyr]Br): 46 °C; $T_M$([$C_4$MPyr]OTf): 3 °C) [47]. Eine Reaktionslösung aus elementarem Brom und dem eutektischen Gemisch zeigt neben einem verminderten Brom-Dampfdruck auch eine deutliche Schmelzpunktserniedrigung in Relation zu den Einzelkomponenten ($T_M$([$C_4$MPyr]OTf/[$C_{10}$MPyr]Br/$Br_2$): ca. –20 °C). Bei Temperaturen zwischen dem Schmelzpunkt des Broms ($T_M$($Br_2$): –7 °C) und –20 °C erfolgt keine Kristallisation elementaren Broms. Der niedrige Schmelzpunkt der RTIL [$C_4$MPyr]OTf stellt sicher, dass das eutektische Gemisch auch unterhalb von Raumtemperatur flüssig bleibt und somit das Wachstum geeigneter Einkristalle gelingt.

Das Abtrennen der erhaltenen Festkörper aus der Reaktionslösung durch einfaches Filtrieren ist aufgrund der hohen Viskosität der Ionischen Flüssigkeit nicht möglich. Löseversuche mit polaren (z. B. Tetrahydrofuran, Aceton, Acetonitril, Ethanol) und unpolaren (z. B. Diethylether, Heptan, Toluol) Lösungsmitteln haben für die vorliegenden Verbindungen gezeigt, dass ein Waschprozess unter Lösen und Umkristallisieren des Festkörpers nicht möglich ist. Für alle Lösungsmittel wird eine teilweise oder vollständige Mischbarkeit mit der verwendeten Ionischen Flüssigkeit beobachtet. Eine Phasenseparation kann prinzipiell auch durch einen Waschprozess mit einem polaren Lösungsmittel erfolgen, welches lediglich die Ionische Flüssigkeit löst. Da sowohl die Ionische Flüssigkeit als auch viele der in dieser Arbeit vorgestellten Verbindungen einen ionischen Charakter aufweisen oder sogar gleiche Konstituenten wie die Ionische Flüssigkeit selbst aufweisen, ist diese Option nur in seltenen Fällen erfolgreich. Insbesondere die halogenreichen Verbindungen aus Kapitel 3.3 zeigen eine hohe Löslichkeit sowohl in polaren als auch unpolaren Lösungsmitteln und zudem eine Tendenz zur Zersetzung während des Waschprozesses. Daher war auch eine Aufarbeitung durch Viskositätsverringerung der Ionischen Flüssigkeit mittels Diethylether ohne Erfolg [46].

## 3.2 Koordinationschemie in Ionischen Flüssigkeiten: Kronenether-Komplexe von Iodometallaten der Gruppe 12 und 14

### 3.2.1 Stand der Literatur

1967 lieferte *Pedersen* grundlegende Studien zur Komplexierung zahlreicher Metallsalze durch cyclische Polyether [48]. Für die Untersuchungen bezüglich Syntheseroute und Bindungsverhalten der als Kronenether bekannten Makrocyclen erhält er 20 Jahre später anteilig den Nobelpreis für Chemie. Am weitesten verbreitet sind die Oligomere des Ethylenoxids $(-CH_2-CH_2-O-)_n$ mit n = 4, 5, 6. Der strukturelle Aufbau der Metallkomplexe erinnert an eine Krone und ist daher namensgebend gewesen. Speziell bei Alkalimetall-Kationen zeigt sich ein selektives Komplexierungsverhalten in Abhängigkeit von der Ringgröße des Kronenethers (Abbildung 9). Das Verhältnis Kronenether zu Kation ist in den meisten Fällen 1:1. Neben diesen meist endocyclisch koordinierten Komplexen sind – insbesondere für kleinere Kronenether – auch Sandwich-Komplexe im Verhältnis 2:1 und 3:2 bekannt [49–51].

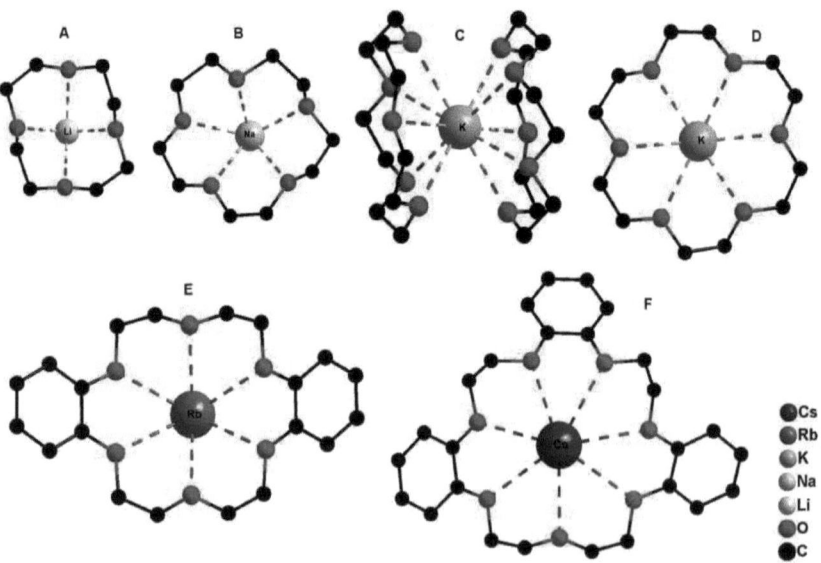

**Abbildung 9.** Ausgewählte Alkalimetall-Kronenether-Komplexe: **A**: Li(12-Krone-4)$^+$, **B**: Na(15-Krone-5)$^+$, **C**: K(15-Krone-5)$_2^+$, **D**: K(18-Krone-6)$^+$, **E**: Rb(Dibenzo-18-Krone-6)$^+$, **F**: Cs(Tribenzo-21-Krone-7)$^+$.

Neben einer Vielzahl von Alkalimetall-Kronenether-Verbindungen finden sich auch einige Schwermetall- (z. B. Tl$^+$, Au$^+$, Pt$^+$) und Nichtmetall-Komplexe (H$_3$O$^+$, NH$_4^+$), obgleich nicht immer eine Beschreibung der Struktur vorliegt [52–55]. Für die folgenden Diskussionen sind Kronenether-Komplex-Verbindungen der Metall-Kationen Zn$^{2+}$, Cd$^{2+}$, Sn$^{4+}$ und Pb$^{2+}$ von Interesse. Die Anzahl diesbezüglicher Kristallstrukturen – insbesondere die der endocyclisch koordinierten Metallhalogenide – ist vergleichsweise gering. Man findet im Wesentlichen Komplexe der allgemeinen Zusammensetzung M(18-Krone-6)X$_2$ (mit M = Zn$^{2+}$, Cd$^{2+}$, Pb$^{2+}$; X = Cl$^-$, Br$^-$, I$^-$, SCN$^-$, NO$_3^-$) [56–62]. Weiterhin existieren einige Verbindungen mit dem entsprechenden kationischen Dissoziationsprodukt [Zn(18-Krone-6)Cl]$^+$ und [Pb(18 Krone-6)X]$^+$ (X = Cl$^-$, I$^-$, NCS$^-$) [63–66]. Es sind zudem einige Beispiele für komplexierte Metall-Organyle bekannt (z. B. Zn(18-Krone-6)Ph$_2$) [67]. Eine Koordination "nackter" Metall-Kationen wird nur selten beobachtet und involviert meist schwach koordinierende Anionen [68]. Gemäß dem HSAB-Konzept existieren für den zu 18-Krone-6 verwandten Thioether 18-ane-S6 weitestgehend Komplexe großer weicher Kationen wie Tl$^+$ und Au$^+$ [69,70]. Eine Ausnahme bildet hier [Ag(18-ane-S6)$^{2+}$][ClO$_4^-$]$_2$ [71]. Das SnCl$_4$-Addukt mit bidentater, exocyclischer Koordination stellt den bisher einzigen kristallografisch charakterisierten Tetrel-Komplex von 18-ane-S6 dar [72]. Tetravalentes Zinn ist im Allgemeinen eher oxophil als thiophil, so dass sich die Zahl weiterer Komplex-Verbindungen von SnX$_4$ (X = Br, Cl) mit cyclischen Thioethern in einem kleinen Rahmen bewegt [73,74]. Überraschenderweise existieren auch einige Thioether-Addukte von SnF$_4$ [75]. Für SnI$_4$ sind hingegen weder mono- noch bidentat koordinierte Thioether-Komplexe bekannt.

Wegen ihrer guten Löslichkeit in der Ionischen Flüssigkeit [($n$-Bu)$_3$MeN][N(Tf)$_2$] wurden bei den folgenden Umsetzungen Metalliodide als Ausgangsverbindungen eingesetzt. Im Hinblick auf die Festkörpersynthesen in [($n$-Bu)$_3$MeN][N(Tf)$_2$] haben bereits frühere Arbeiten gezeigt, dass komplexe Anionen der allgemeinen Zusammensetzung [M$_x$I$_y$]$^{z-}$ eine abwechslungsreiche Strukturchemie besitzen. Diese können beispielsweise als isolierte Baugruppen [SnI$_5$]$^-$, [TeI$_6$]$^{2-}$ oder [Bi$_3$I$_{12}$]$^{3-}$ vorliegen [76–78]. Die für [Bi$_3$I$_{12}$]$^{3-}$ vorgefundene *cis*-Verknüpfung dreier (BiI$_6$)-Oktaeder über je zwei gemeinsame Flächen ist im Sinne der Minimierung repulsiver Bi$^{3+}$–Bi$^{3+}$-Wechselwirkung gegenüber einer *trans*-Verknüpfung deutlich ungünstiger. Weiterhin lassen sich dreidimensionale Iodometallat-Tetraedernetzwerken aus GeI$_4$ und I$^-$ realisieren [79]. Für beide Systeme werden strukturdirigierende Effekte durch den Einbau der sterisch anspruchsvollen und unsymmetrisch substituierten Kationen der verwendeten Ionischen Flüssigkeit in die Kristallstruktur beobachtet. Kronenether-Metallkomplexe sind ebenfalls voluminöse Kationen und stellen daher geeignete Gegenionen für Iodometallate dar. Zu strukturdirigierenden Effekt durch Metallkomplexe von Kronenethern oder Kryptanden auf Polyhalogenide und Halogenometallate liegen bereits Arbeiten vor [80–82]. Die Synthesen dieser Verbindungen sind allerdings in Wasser oder ähnlich polaren Lösungsmitteln durchgeführt worden, wodurch die Bildung hydrolysempfindlicher Verbindungen eingeschränkt ist. Das starke Bestreben zur Hydratation vor allem oxophiler Metall-Kationen stellt einen weiteren limitierenden Faktor dar. Durch die Bildung von Aqua-Komplexen wird eine endocyclische Kronenether-Koordination (z. B. [cis-SnCl$_4$(H$_2$O)$_2$] ·18-Krone-6 · 2H$_2$O) oder eine Koordination weiterer Liganden (z.B. [Zn(H$_2$O)$_3$(18-Krone-6)][Cu$_5$I$_7$]) verhindert [83,84].

Der Einsatz Ionischer Flüssigkeiten als wasserfreies aber dennoch polares Reaktionsmedium mit schwach koordinierenden Eigenschaften ermöglicht Untersuchungen zum Struktureinfluss von Kronenether-Metallkomplexen in Bezug auf Iodometallate der Gruppe 12 und 14 ohne starke Solvatationseffekte durch polare Lösungsmittel-Moleküle. Neben strukturchemischen Aspekten sind Metalliodide und Iodometallate auch im Hinblick auf ihre halbleitenden Eigenschaften von Interesse [85–87]. Bei den schichtartigen Hybrid-Perovskiten [(H$_3$NR)$_2$[SnI$_4$] lässt sich beispielsweise in Abhängigkeit des organischen Substituenten R gezielt Einfluss auf die Bandlücke des Halbleiters nehmen [88]. Für das ebenfalls schichtartig aufgebaute heterometallische Iodoplumbat [Co(phen)$_3$]$_2$[Pb$_3$Cu$_6$I$_{16}$] · C$_2$H$_5$OH werden neben den halbleitenden auch interessante optische Eigenschaften beobachtet [89]. Neben Anwendungsmöglichkeiten im Bereich der Photovoltaik ist daher auch eine Verwendung als Thermoelektrikum oder als Kathodenmaterial in Hochleistungsbatterien möglich [90–92].

### 3.2.2 Synthese und Charakterisierung von [Pb$_2$I$_3$(18-Krone-6)$_2$][SnI$_5$]

SnI$_4$ (135.9 mg, 1 eq), PbI$_2$ (200 mg, 2 eq) und 18-Krone-6 (104.8 mg, 2 eq) wurden bei 100 °C in 1 mL der Ionischen Flüssigkeit [(nBu)$_3$MeN][N(Tf)$_2$] gelöst. Nach Abkühlen mit 5 °C /h wurden schwarze, plättchenförmige Kristalle erhalten. Die Separation von der Ionischen Flüssigkeit erfolgte durch mehrfaches Waschen mit trockenem THF (4 mL) und anschließendes Trocknen der feuchtigkeitsempfindlichen Substanz unter Hochvakuum. Es wurde eine Ausbeute von 90 % ermittelt.

**Abbildung 10.** Kristalle der Verbindung [Pb$_2$I$_3$(18-Krone-6)$_2$][SnI$_5$].

Gemäß Einkristallstrukturanalyse kristallisiert [Pb$_2$I$_3$(18-Krone-6)$_2$][SnI$_5$] monoklin in der Raumgruppe P2/n. Der Aufbau der Kristallstruktur kann als salzartig mit [SnI$_5$]$^-$-Anionen und [Pb$_2$I$_3$(18-Krone-6)$_2$]$^+$-Kationen beschrieben werden (Abbildung 11). Die [SnI$_5$]$^-$-Anionen weisen eine nahezu ideale trigonal-bipyramidale Symmetrie auf, was durch die Betrachtung der Bindungswinkel bestätigt wird (I$_{äq}$–Sn–I$_{äq}$: 120 ± 2°, I$_{ax}$–Sn–I$_{äq}$: 90 ± 1°). Die Sn–I-Bindungslängen (272 und 285 pm) liegen in einem mit SnI$_4$ (263 pm) vergleichbaren Bereich und sind deutlich kürzer als die von SnI$_2$ (300–325 pm) [93,94].

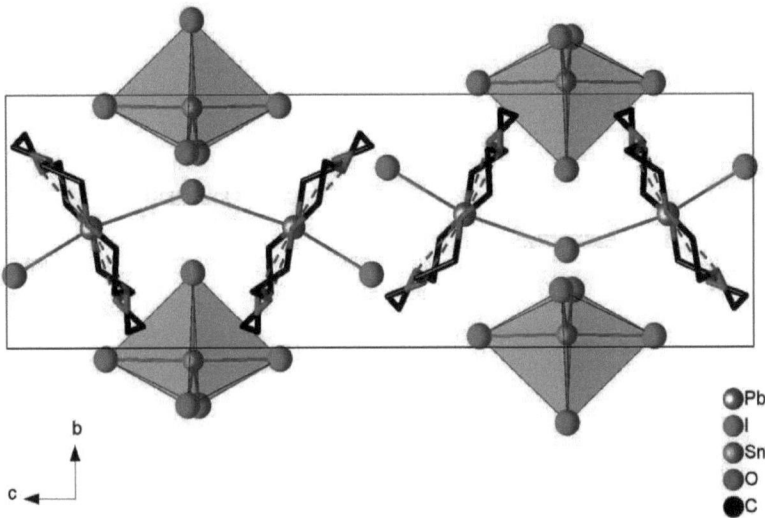

**Abbildung 11.** Elementarzelle von [Pb$_2$I$_3$(18-Krone-6)$_2$][SnI$_5$] mit Blickrichtung entlang der kristallografischen a-Achse.

Bezieht man die erweiterte Koordination von 4 (SnI$_4$) auf 5 ([SnI$_5$]$^-$) mit ein, sprechen die Bindungslängen für Zinn in der Oxidationsstufe IV (Abbildung 12, rechts unten). Eine solche trigonal-bipyramidale Koordination ist für Iodostannate ungewöhnlich und wurde bislang nur bei [Sn$^{II}_2$I$_3$(18-Krone-6)$_2$][Sn$^{IV}$I$_5$] beobachtet [76]. Eine Koordinationszahl von 5 tritt außerdem in Form eckenverknüpfter SnI$_5$-Pyramiden in [C$_3$H$_7$N(C$_2$H$_4$)$_3$NC$_3$H$_7$]$^1_2$$_\infty$[Sn$_4$I$_{12}$] auf [95]. Polymere Iodostannat-Anionen mit einer Verknüpfung über gemeinsame Ecken oder Kanten wurden hingegen deutlich häufiger beschrieben [96,97]. Neben [SnI$_5$]$^-$ stellt [SnI$_6$]$^{2-}$ die einzige isolierte Iodostannat-Baueinheit dar [98].

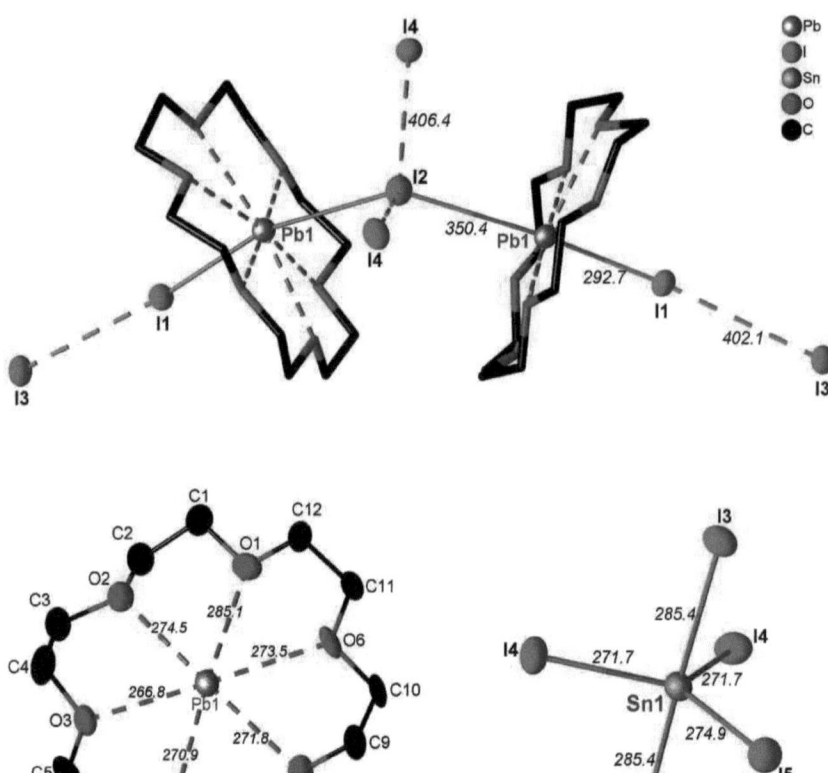

**Abbildung 12.** *oben*: Darstellung des Kations [Pb$_2$I$_3$(18-Krone-6)$_2$]$^+$ und seiner Verknüpfung mit den Iod-Atomen des Anions; *unten links*: Koordination von Pb$^{2+}$ durch 18-Krone-6; *unten rechts*: das trigonal-bipyramidale Anion [SnI$_5$]$^-$ (Bindungslängen in pm; Auslenkungsellipsoide mit 50 %-Aufenthaltswahrscheinlichkeit).

Das Kation [Pb$_2$I$_3$(18-Krone-6)$_2$]$^+$ wird in der Titelverbindung zum ersten Mal beschrieben und setzt sich aus zwei symmetrieäquivalenten Kronenether-Molekülen zusammen, die jeweils ein Pb$^{2+}$-Kation koordinieren. Ausgehend von Pb1 erfolgt ähnlich zu [Sn$_2$I$_3$(18-Krone-6)$_2$]$^+$ sowohl eine Bindung zu einem terminalen Iod-Atom I1 als auch einem verbrückenden Iodid-Anion I2 (Abbildung 12, oben). Diese Verknüpfung resultiert in einer V-förmigen Baueinheit [Pb$_2$I$_3$(18-Krone-6)$_2$]$^+$ mit einem I–Pb–I-Winkel von 164 ° und einem Pb–I–Pb-Winkel von 143 °. Es fällt weiterhin auf, dass der Pb–I-Abstand zu dem terminalen

Iod-Atom mit 293 pm deutlich kürzer ausfällt als der zu dem verbrückenden I⁻ (350 pm). Folglich lässt sich die Bindungssituation auch ausgehend von zwei über ein gemeinsames Iodid-Anion verknüpften [PbI(18-Krone-6)]⁺-Einheiten beschreiben. Ein solches Kation ist bereits bei der Verbindung [PbI(18-Krone-6)][I$_3$] beschrieben worden und weist mit 290 pm einen vergleichbaren Pb–I-Abstand auf [65]. Die Koordination von Pb$^{2+}$ durch 18-Krone-6 erfolgt endocyclisch mit leichter Auslenkung bezüglich des Ring-Zentrums (Abbildung 12, links unten). Hieraus resultieren eine verkürzte (267 pm), eine verlängerte (285 pm) und vier weitestgehend äquivalente (271–275 pm) Pb–O-Abstände. Im Vergleich zu [Sn$_2$I$_3$(18-Krone-6)$_2$]⁺ (Sn–O: 261–293 pm) fällt diese Auslenkung weitaus geringer aus. Dieser Befund steht im Einklang mit dem größeren Ionenradius und der geringeren stereochemischen Wirksamkeit des Lone-Pairs von Pb$^{2+}$ [99,100]. Alle C–O und C–C-Bindungslängen von 18-Krone-6 stehen im Einklang mit Literaturdaten [101].

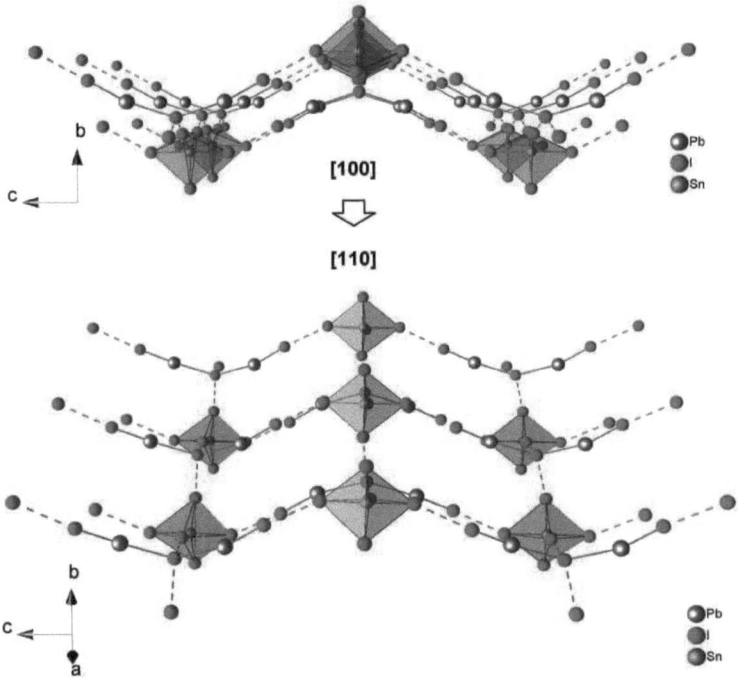

**Abbildung 13.** Schichtartige Vernetzung in [Pb$_2$I$_3$(18-Krone-6)$_2$][SnI$_5$] entlang [110]. 18-Krone-6 ist aus Gründen der Übersichtlichkeit nicht dargestellt.

Obwohl eine Beschreibung von [Pb$_2$I$_3$(18-Krone-6)$_2$][SnI$_5$] als salzartige Verbindung basierend auf [Pb$_2$I$_3$(18-Krone-6)$_2$]⁺ und [SnI$_5$]⁻ angemessen ist, dürfen langreichweitige Iod–

Iod-Abstände nicht außer Acht gelassen werden (Abbildung 13). Attraktive Wechselwirkungen unterhalb des doppelten Iod Van-der-Waals-Radius (420 pm) werden sowohl zwischen I1 und I3 (402 pm) als auch zwischen I2 und I4 (406 pm) beobachtet [102]. Einzig I5 weist keine I–I-Bindung auf. Unter Einbeziehung der schwachen Iod–Iod-Wechselwirkungen erfolgt in Summe eine Verknüpfung von $[Pb_2I_3(18\text{-Krone-}6)_2]^+$ und $[SnI_5]^-$ zu unendlichen Helices entlang [001] und [100] und damit einem zweidimensionalen Iodometallat-Netzwerk. Die Titelverbindung stellt das erste Beispiel für eine Verbindung im System $Pb^{2+}$–$Sn^{4+}$–$I^-$ dar. Generell ist das System Pb/Sn/I auf wenige Verbindungen limitiert, namentlich $[(NH_3CH_3)Pb^{II}_{0.17}Sn^{II}_{0.83}][I_3]$ und $PbSnI_4$ [103,104].

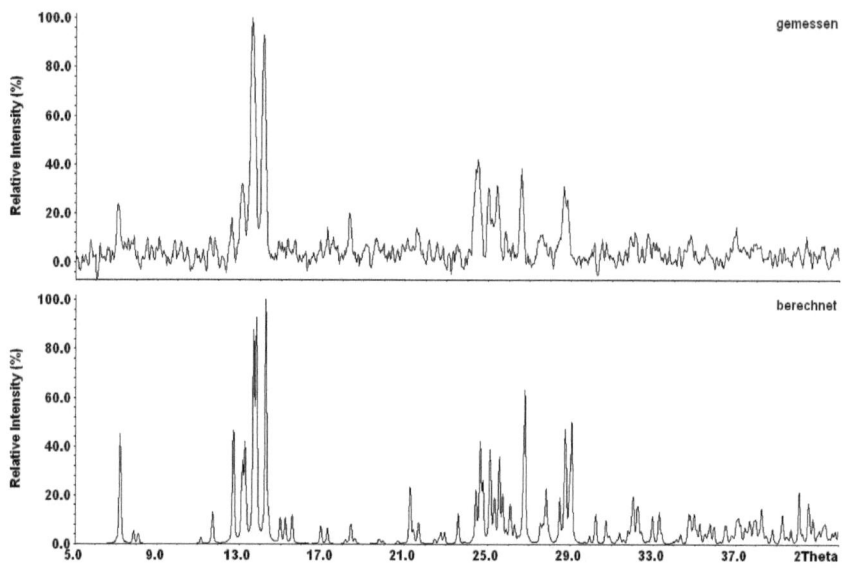

**Abbildung 14.** Gemessenes ( T = 25 °C) und aus Einkristalldaten berechnetes ( T = –73 °C) Pulverdiffraktogramm von $[Pb_2I_3(18\text{-Krone-}6)_2][SnI_5]$.

Zur Bestimmung der Reinheit wurde die Titelverbindung durch mehrmaliges Waschen mit THF von der Ionischen Flüssigkeit separiert. An dem erhaltenen Pulver erfolgten Untersuchungen mittels Röntgenbeugung (Abbildung 14). Unter Berücksichtigung der unterschiedlichen Messtemperaturen und der daraus resultierenden Verschiebung zu höheren $2\theta$-Werten für das berechnete Pulverdiffraktogramm, stimmen die Lagen der intensivsten Reflexe beider Diffraktogramme überein. Unterschiede bezüglich der Reflex-Intensitäten sind auf den plättchenförmigen Habitus der Kristallite von $[Pb_2I_3(18\text{-Krone-}6)_2][SnI_5]$ zurück zu führen. Außerdem erschwert das durch den hohen Absorptionskoeffizient bedingte

Untergrundrauschen eine Aussage zu Reflexen geringerer Intensität. Es kann daher nicht vollständig ausgeschlossen werden, dass geringe Verunreinigungen in Form nicht umgesetzter Edukte oder ungewünschter Nebenprodukte vorhanden sind.

### 3.2.3 Synthese und Kristallstruktur von SnI$_4$ · 1,4-Dithian

Die Verbindung SnI$_4$ · 1,4-Dithian wurde in dieser Arbeit erstmals bei der Umsetzung von SnI$_2$ (119,0 mg, 2 eq), SnI$_4$ (100 mg, 1 eq) und 18-ane-S6 (115,2 mg, 2 eq) bei 150 °C in der Ionischen Flüssigkeit [(n-Bu)$_3$MeN][N(Tf)$_2$] (1 mL) erhalten. Im Verlauf mehrerer Stunden entstehen durch Sublimation schwarze, rhombenförmige Kristalle. Der Syntheseweg konnte durch Reaktion äquimolarer Mengen SnI$_4$ (100 mg) und 1,4-Dithian (19,2 mg) in [(n-Bu)$_3$MeN][N(Tf)$_2$] (0,5 mL) vereinfacht werden.

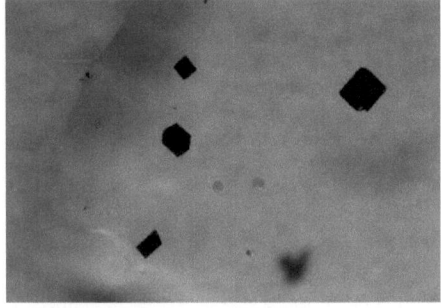

Die Motivation der folgenden Umsetzung ist auf die erfolgreiche Synthese von [Sn$_2$I$_3$(18-Krone-6)$_2$][SnI$_5$] aus Zinn(II)-Iodid, Zinn(IV)-Iodid und 18-Krone-6 in [(n-Bu)$_3$MeN][N(Tf)$_2$] zurück zu führen [76]. Unter Austausch von 18-Krone-6 gegen den verwandten Thioether 18-ane-S6 wird bei einer Temperatur von 100 °C zunächst keine Reaktion beobachtet.

**Abbildung 15.** Kristalle der Verbindung SnI$_4$ · 1,4-Dithian.

Erhöht man die Reaktionstemperatur auf 150 °C, erfolgt unter Sublimation die Bildung orangefarbener (SnI$_4$) und dunkelroter Kristalle im oberen Bereich des Reaktionsgefäßes. Eine phasenreine Isolation der Titelverbindung war aufgrund des sehr ähnlichen Sublimations- und Löslichkeitsverhaltens von SnI$_4$ und SnI$_4$ · 1,4-Dithian nicht erfolgreich.

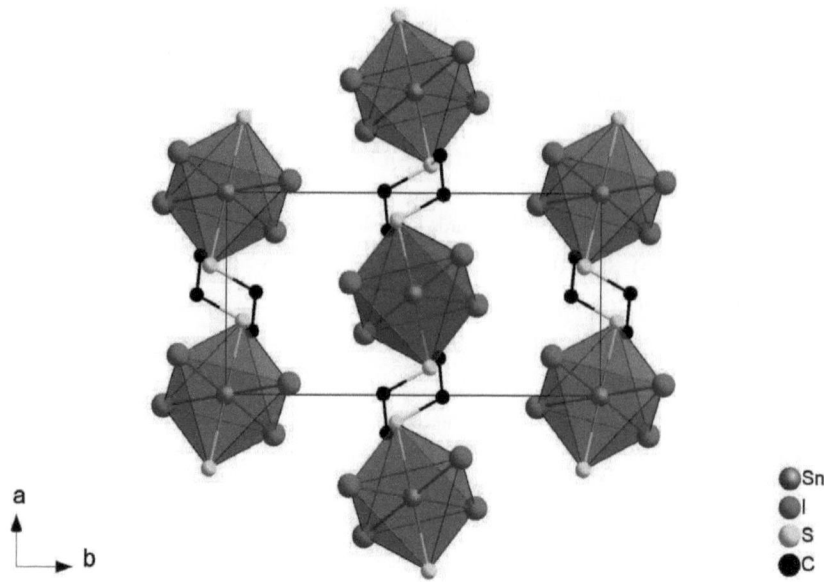

**Abbildung 16.** Elementarzelle von SnI$_4$ · 1,4-Dithian mit Blickrichtung entlang [001]. Die (4+2)-Koordination durch Iodid-Anionen und Schwefel-Atome ist durch grüne Koordinationspolyeder hervorgehoben.

Aus der Bezeichnung SnI$_4$ · 1,4-Dithian lässt sich bereits schließen, dass die in der monoklinen Raumgruppe $P2_1/n$ kristallisierende Titelverbindung einen Molekülkomplex bestehend aus SnI$_4$ und 1,4-Dithian darstellt und demnach maßgeblich durch Bindungen kovalenten bzw. koordinativen Charakters bestimmt wird. Hieraus geht allerdings nicht hervor, dass die SnI$_4$-Moleküle entgegen der Erwartungen nicht in der erwarteten T$_d$-, sondern der ungewöhnlichen D$_{4h}$-Symmetrie vorliegen. Diese Konformation von SnI$_4$ geht einher mit einer koordinativen Bindung der Dithian-Moleküle an beiden freien axiale Stellen der zentralen Zinn-Atome. Damit resultiert eine oktaedrische Koordinationssphäre, welche durch die in Abbildung 16 dargestellte Elementarzelle verdeutlicht wird. Bedingt durch die beidseitige Koordination der Dithian-Moleküle an die Metallzentren erfolgt eine Verknüpfung in Form einer unendlicher, eindimensionaler Ketten entlang [101].

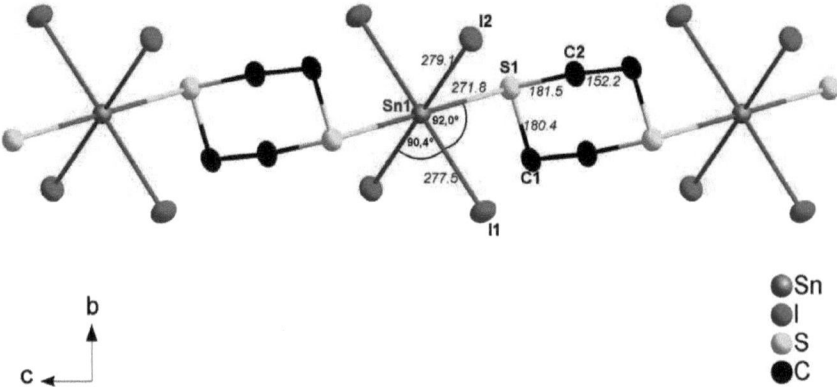

**Abbildung 17.** Ein Ausschnitt aus der unendliche Kette $^1_\infty$[SnI$_4$ · 1,4-Dithian] (Bindungslängen in pm; Auslenkungsellipsoide mit 50 %-Aufenthaltswahrscheinlichkeit).

Die beobachteten Sn–I-Abstände in SnI$_4$ · 1,4-Dithian sind mit 278 und 279 pm merklich größer als im tetraedrischen SnI$_4$ (263 pm) und auch die nahezu unverzerrt quadratisch-planare Konformation (I–Sn–I: 89,6 und 90,4 °) steht im Kontrast zu der perfekten Tetraeder-Symmetrie der Ausgangsverbindung (Abbildung 17) [93]. Die S–C- und C–C-Abstände entsprechen den erwarteten Werten [105]. Aufgrund der im Vergleich zur tetraedrischen Anordnung stärkeren repulsiven Wechselwirkungen der Iod-Atome und der formalen Aufweitung der Koordination von 4 auf 6 sind die beobachteten Bindungslängen konform mit dem VSEPR-Konzept. Unter Einbeziehung der Schwefel-Atome des Dithian-Moleküls wird eine nur geringfügig verzerrte Oktaeder-Geometrie beschrieben (I–Sn–S: 88 und 92 °). Sowohl dieses oktaedrische Fragment [Sn(I$_{äq}$)$_4$(S$_{ax}$)$_2$] mit (4+2)-Koordination als auch die darin enthaltene quadratisch-planare Konformation von SnI$_4$ werden hier zum ersten Mal präsentiert.

Zur Diskussion der Sn–S-Bindungssituation soll zunächst ein Vergleich mit SnS$_2$ und Sn$^{II}$Sn$^{IV}$S$_3$ gezogen werden [106,107]. In beiden Verbindungen variieren die Sn$^{IV}$–S-Abstände im Bereich 249–262 pm bzw. 250–266 pm. Sn–S-Bindungen in Komplexverbindungen können von 241 pm für [($^t$Bu$_2$Sn)N$_2$S$_2$]$_2$, 270 pm für SnBr$_4$ · (H$_3$CS(CH$_2$)$_3$SCH$_3$) bis hin zu 313 pm für Me$_2$SnBr$_2$ · 0,5(1,4-Dithian) reichen [108,109,105]. Tetravalente Zinn-Verbindungen mit Koordination durch einen bidentaten RS–R'–SR- oder zwei R$_2$S-Liganden sind verzerrt oktaedrisch aufgebaut und involvieren meist eine verzerrt tetraedrische

Konformationen für SnX$_4$ (X = F, Cl, Br, I) [75,110,108]. Für SnCl$_4$ und SnBr$_4$ existieren allerdings auch vereinzelte Beispiele zu quadratisch-planaren SnX$_4$-Einheiten [73,74].

Neben der eindimensionalen Vernetzung über 1,4-Dithian-Moleküle in Richtung [101] werden zusätzlich verhältnismäßig starke intermolekulare Iod–Iod-Wechselwirkungen beobachtet (I1–I2: 365 pm). Sie sind deutlich kürzer als der doppelte Iod-Van-der-Waals-Radius mit 420 pm und stehen im Gegensatz zu dem kürzesten Iod–Iod-Abstand in SnI$_4$ mit 421 pm [102]. Das Zinn-Iod-Schichtnetzwerk (Abbildung 18, links) ist entlang [$\bar{1}$01] ausgedehnt und steht damit näherungsweise senkrecht ($\angle$: 94,6 °) zu den $^1_\infty$[SnI$_4$ · 1,4-Dithian]-Ketten. Mit einem Winkel von 90 ° wäre auch eine orthorhombische Zellaufstellung möglich gewesen, woraus zudem ersichtlich wird, warum die eigentlich hoch symmetrisch erscheinende Titelverbindung eine Raumgruppe niedriger Symmetrie aufweist. Insgesamt betrachtet kann das Netzwerk in SnI$_4$ · 1,4-Dithian auch als 3D-Netzwerk aufgefasst werden (Abbildung 18, rechts).

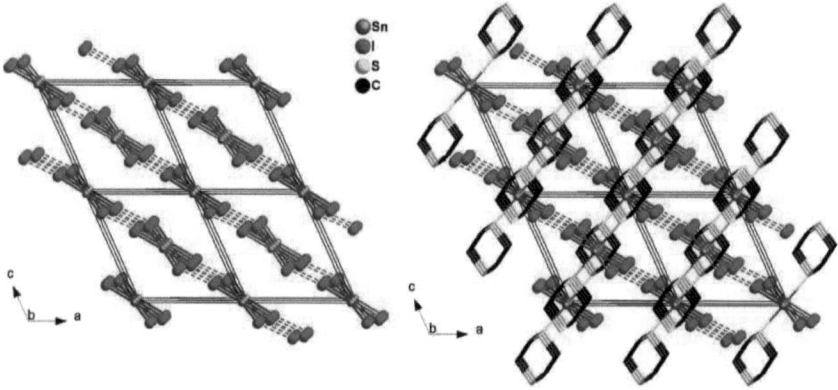

**Abbildung 18.** *links*: 2x2-Superzelle ohne 1,4-Dithian-Moleküle zur Verdeutlichung des Sn–I-Schichtnetzwerks; *rechts*: dreidimensionale Vernetzung in SnI$_4$ · 1,4-Dithian.

Zur Erläuterung des Bildungsmechanismus von SnI$_4$ · 1,4-Dithian ist es notwendig, zunächst die thermische Zersetzung von 18-ane-S6 zu 1,4-Dithian zu verstehen. Mit Hilfe der bereits 1934 von *Meadow* et al. gelieferten Untersuchungen zur Synthese und thermischen Zersetzung verschiedener Makrozyklen kann eine Erklärung für den Reaktionsmechanismus geliefert werden [111]. In Folge von Temperatureinwirkung im Bereich von 175 bis 200 °C werden bei cyclischen Thioethern Polymerisationsreaktionen beobachtet. Hierbei erfolgt aus

Polymeren mit der Struktureinheit $-C_2H_4SC_2H_4S-$ ein Ringschluss zu 1,4-Dithian mit ca. 50 % Ausbeute. Diese Reaktion findet unter inter- und intramolekularer Sulfonium-Addition statt und wurde bisher nur in Präsenz von Halogenid-Anionen beobachtet [112]. Im vorliegenden Fall kann daher ebenso von einer Iodid-katalysierten Zersetzung von 18-ane-S6 zu 1,4-Dithian ausgegangen werden. $SnI_4$ und 1,4-Dithian sind Verbindungen, die sich ohne Zersetzung leicht sublimieren lassen [113]. Bei der alternativen Syntheseroute aus $SnI_4$ und 1,4-Dithian wird direkt nach Zugabe der Edukte eine Schwarzfärbung der Reaktionslösung beobachtet ist. Es lässt sich daher schlussfolgern, dass die Titelverbindung nicht durch eine Gasphasenreaktion entsteht, sondern sich erst in der Ionischen Flüssigkeit in Form eines polykristallinen Feststoffes bildet und anschließend unzersetzt sublimiert.

Eine Frage bleibt allerdings ungeklärt: Worin liegt die Ursache für die Begünstigung der sterisch anspruchsvolleren *trans*-Konformation $[Sn(I_{äq})_4(S_{ax})_2]$ gegenüber einer *cis*-Konformation $[Sn(I_{äq})_3(I_{ax})(S_{äq})(S_{ax})]$. Bei der chemischen verwandten Verbindung $SnBr_4 \cdot$ 1,4-Dioxan wird eine unendliche $^1_\infty[SnBr_4 \cdot$ 1,4-Dioxan]-Kette in *cis*-Konformation beobachtet [114]. Das veränderte Koordinationsverhalten kann verschiedene Ursachen haben. Strukturell betrachtet ähneln sich 1,4-Dioxan und 1,4-Dithian zwar, Schwefel- und Sauerstoff-Atome weisen allerdings unterschiedliche Partialladungen auf ($EN_S - EN_C$: $-0,1$; $EN_O - EN_C$: 1,0) [115]. Die Bindungswinkel C–S–C (100,1 °) und C–O–C (109,1 °) spiegeln außerdem das geringere Bestreben zur Hybridisierung von Schwefel wider. Weiterhin müssen sterische Effekte zwischen X···X, X···Ch und Ch···Ch (X = Br, I; Ch = O, S) beachtet werden, wobei repulsive Wechselwirkungen zwischen den voluminösen Halogeniden beteiligt sind. Entgegen der daraus resultierenden Erwartung einer *cis*-Konformation wird für das sterisch anspruchsvollere $SnI_4$ eine *trans*- Konformation beobachtet. Repulsive Wechselwirkungen der größeren p-Orbitale der Schwefel-Atome sind ein denkbares Argument, welches gegen eine *cis*-Konformation sprechen könnte. Des Weiteren könnten auch die verhältnismäßig kurzen intermolekularen I–I-Abstände in $SnI_4 \cdot$ 1,4-Dithian ein Grund für die trans-Form sein. Interessant wäre an dieser Stelle das Resultat der Umsetzung von $SnI_4$ mit 1,4-Dioxan. Ein monomeres Addukt $SnI_4 \cdot (1,4\text{-Dioxan})_2$ wurde zwar diskutiert, seine Struktur bleibt jedoch aufgrund seiner geringen Stabilität und der mangelnden Analytik ungeklärt [116].

### 3.2.4 Synthese und Kristallstruktur von $CdI_2$(18-Krone-6) $\cdot$ 2 $I_2$

$CdI_2$ (100 mg, 1 eq), 18-Krone-6 (72,2 mg, 1 eq) und $I_2$ (69,3 mg, 2 eq) wurden bei 80 °C in ca. 1 mL der Ionischen Flüssigkeit [(*n*-Bu)$_3$MeN][N(Tf)$_2$] gelöst und im Anschluss mit

5 °C /h auf Raumtemperatur abgekühlt. Die Titelverbindung kristallisiert in Form dunkelroter, würfelförmiger Kristalle innerhalb von 14 Tagen. Gemäß Röntgenstrukturanalyse am Einkristall kristallisiert die Titelverbindung in der monoklinen Raumgruppe $C2/c$.

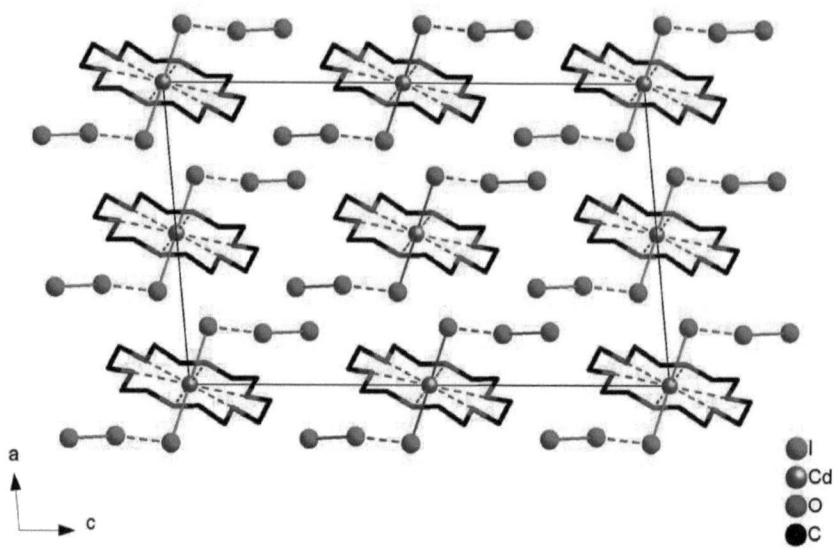

**Abbildung 19.** Elementarzelle von $CdI_2(18Krone-6) \cdot 2\,I_2$ mit Blickrichtung entlang [010].

$CdI_2(18Krone-6) \cdot 2\,I_2$ ist aus $CdI_2(18Krone-6)$- und $I_2$-Einheiten aufgebaut, was anhand der in Abbildung 19 dargestellten Elementarzelle verdeutlicht werden soll. $Cd^{2+}$ wird hierbei endocyclisch durch 18-Krone-6 koordiniert und ist darin nahezu zentriert positioniert (Cd–O: 266 – 280 pm). Neben der Koordination durch 18-Krone-6 ist das Zentralatom zusätzlich an zwei Iod-Atome gebunden, woraus sich für das Metallzentrum eine hexagonal-bipyramidale Umgebung ergibt. Die terminalen Iod-Atome der $CdI_2$-Einheit sind zudem an je ein $I_2$-Molekül gebunden (Abbildung 20).

An dieser Stelle ist die Frage zu klären, ob die vorliegende Verbindung tatsächlich als Neutralkomplex $CdI_2(18\text{-Krone-}6) \cdot 2\,I_2$ vorliegt oder ob die Beschreibung als ionischer Komplex $[Cd(18\text{-Krone-}6)]^{2+}[I_3^-]_2$ mit dem bekannten Triiodid-Anion $[I_3]^-$ treffender ist. Gemäß der beobachteten Bindungslängen ist die Bindung I2–I3 mit 273 pm in guter Übereinstimmung mit der kovalenten I–I-Bindung elementaren Iods (272 pm) [117]. Dahingegen fällt der Abstand I1–I2 mit 322 pm deutlich länger aus. Die Bindungswinkel zeigen für I–Cd–I eine exakte Linearität, wohingegen I1–I2–I3 mit 173 ° eine gewinkelte Orientierung annimmt. Insgesamt betrachtet steht dies im Gegensatz zu dem kristallografisch gut charakterisierten [I₃]⁻ Polyiodid, für das eine nahezu lineare Struktur und Bindungslängen im Bereich von 285 und 290 pm beobachtet werden [104]. Cd(18-Krone-6) · 2 I₂ ist daher in ähnlicher Weise wie SnI₄ · 1,4-Dithian als neutraler Molekül-Komplex zu verstehen und steht damit im Kontrast zu den salzartigen Kronenether-Komplexen [Pb₂I₃(18-Krone-6)₂][SnI₅] und [ZnI(18-Krone-6)][N(Tf)₂], beziehungsweise den Polyhalogeniden aus Kapitel 3.3.

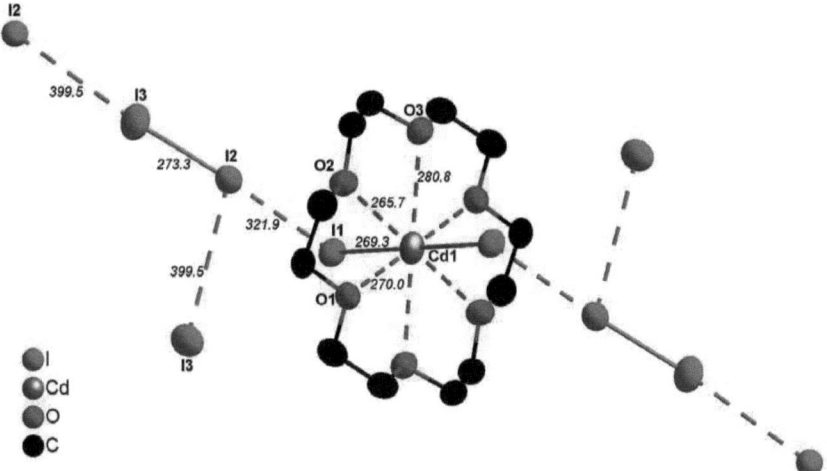

**Abbildung 20.** Darstellung einer Cd(18-Krone-6) · 2 I₂ Einheit (Bindungslängen in pm; Auslenkungsellipsoide mit 50 %-Aufenthaltswahrscheinlichkeit).

Die Bindungssituation der Titelverbindung steht in guter Übereinstimmung mit der verwandten Verbindung CdI₂(Benzo-18-Krone-6) · I₂ [118]. Auch hier steht I₂ in Kontakt mit CdI₂ und sowohl Bindungslängen (I1–I2: 315 pm, I2–I3: 275 pm) als auch Bindungswinkel (I1–I2–I3: 171 °) sind sehr ähnlich. Dennoch lassen sich zwei signifikante Unterschiede zur Titelverbindung ausmachen. Bedingt durch das Inversionszentrum auf der Atomlage des Cd²⁺ entspricht der I–Cd–I-Winkel für CdI₂(18-Krone-6) · 2 I₂ exakt 180 °, wohingegen für CdI₂(Benzo-18-Krone-6) · I₂ eine gewinkelte Konformation (I1–Cd–I1: 167 °) beobachtet wird. Weiterhin unterscheiden sich beide Verbindungen in der Anzahl der an CdI₂ gebunden I₂-Moleküle: Im Gegensatz zur Titelverbindung mit je einem I₂-Molekül an beiden terminalen Iod-Positionen von CdI₂ erfolgt im Fall von CdI₂(Benzo-18-Krone-6) · I₂ nur an einer Seite von CdI₂ eine Bindung zu I₂. Dies ist offensichtlich auf den sterischen Anspruch von Benzo-18-Krone-6 zurückzuführen, wodurch die Addition eines weiteren I₂-Äquivalents verhindert wird.

Überraschenderweise ist der Cd–I1-Abstand für CdI$_2$(18-Krone-6) · 2 I$_2$ (Cd–I: 269 pm) im Vergleich zu CdI$_2$ im Festkörper (Cd–I: 299 pm) signifikant kürzer [119]. Allerdings steht die beobachtete Cd–I-Bindungslänge in guter Übereinstimmung mit Werten, die für CdI$_2$ in der Gasphase gefunden werden (Cd–I: 260 pm) [120,121].

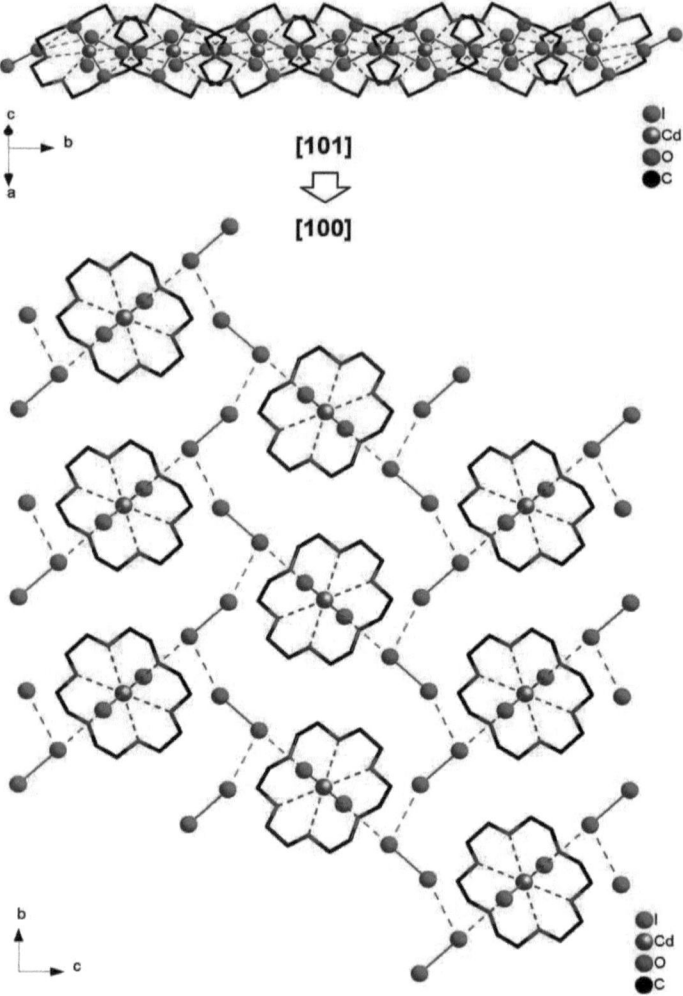

**Abbildung 21.** Darstellung des zweidimensionalen Netzwerks in Cd(18-Krone-6) · 2 I$_2$ entlang [101]. Zur Verdeutlichung der kantenverknüpften Cd$_2$I$_{14}$-Ringe ist eine Projektion entlang [100] dargestellt.

Unter Berücksichtigung sowohl der I–I- als auch Cd–I-Bindungssituation kann die strukturelle Baueinheit zusammenfassend als ein lineares, durch 18-Krone-6 koordiniertes

CdI$_2$-Molekül beschrieben werden, welches durch schwach gebundene I$_2$-Moleküle an jeder Seite insgesamt eine Z-förmige Konformation einnimmt. Des Weiteren besitzt die Titelverbindung von allen Cadmium-Iod-Verbindungen den bislang höchsten Iod-Gehalt. Unter Berücksichtigung aller weitreichenden Iod-Iod-Abstände unterhalb des doppelten Van-der-Waals-Radius von Iod (420 pm) werden zusätzliche attraktive Wechselwirkungen deutlich (I2–I3: 400 pm) [102]. Demnach bildet CdI$_2$(18-Krone-6) · 2 I$_2$ ein unendliches, zweidimensionales Netzwerk über schwache I$_2$··· I$_2$-Wechselwirkungen. Formal lässt sich der Aufbau des Netzwerkes basierend auf Cd$_2$I$_{14}$-Ringen beschreiben, welche zu einer zick-zack-förmigen Schicht entlang [101] verknüpft sind. Obwohl keine hexagonal dichteste Packung vorliegt, ist dennoch eine Verwandtschaft zu dem CdI$_2$-Strukturtyp erkennbar. Gemäß der Darstellung einer 2x2-Superzelle weist die Titelverbindung ebenso wie CdI$_2$ gestapelte ···I–Cd–I–I–Cd–I··· Schichten auf (Abbildung 22). Das Stapelschema I(A)–Cd(1)–I(B)–I(A)–Cd(2)–I(B) von CdI$_2$ ist jedoch unterschiedlich zu I(A)–Cd(1)–I(A')–I(B)–Cd(2)–I(B') von CdI$_2$(18-Krone-6) · 2 I$_2$.

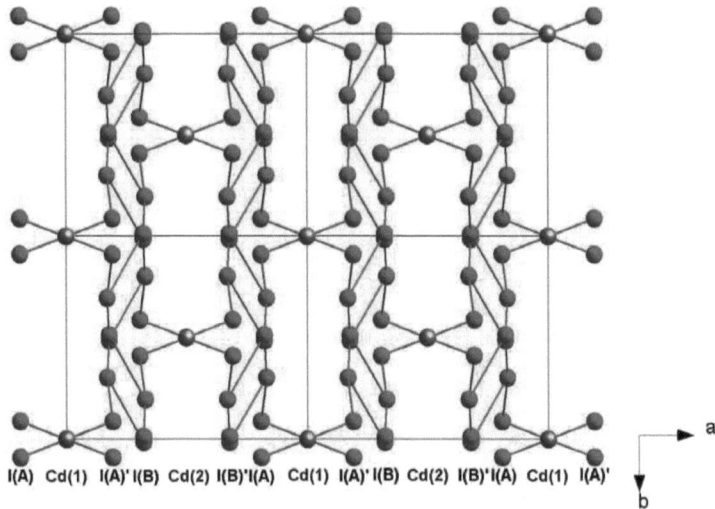

**Abbildung 22.** Darstellung der Schichtenfolge von Cd- und I-Atomen in Cd(18-Krone-6) · 2 I$_2$. I(A) und I(A)' bzw. I(B) und I(B)' sind jeweils inversionssymmetrisch zueinander.

### 3.2.5 Synthese und Kristallstruktur von [ZnI(18-Krone-6)][N(Tf)₂]

Zur Synthese von [ZnI(18-Krone-6)][N(Tf)₂] wurden ZnI$_2$ (100 mg, 1 eq), I$_2$ (159 mg, 2 eq) und 18-Krone-6 (82,8 mg, 1 eq) bei 100 °C in ca. 1 mL der Ionischen Flüssigkeit [(n-Bu)$_3$MeN][N(Tf)$_2$] gelöst. Nachdem die Reaktionslösung mit 5 °/h auf Raumtemperatur abgekühlt wurde, erfolgte im Verlauf einiger Tage die Bildung gelber, plättchenförmiger Kristalle. Neben der Titelverbindung liegt eine weitere Verbindung in Form dunkelroter, plättchenförmiger Kristalle vor.

Gemäß Röntgenbeugung am Einkristall können die beiden kristallinen Phasen dieser Umsetzung als [ZnI(18-Krone-6)][N(Tf)$_2$] (gelbe Kristalle) und [(n-Bu)$_3$MeN][I$_3$] (rote Kristalle, nicht gezeigt) identifizieren werden. Weiterhin liegt ungelöstes Iod vor, welches durch Sublimation entfernt werden kann. Versuche zur Separation der beiden kristallinen Phasen durch Waschen mit den absolutierten Lösungsmitteln Diethylether, Tetrahydrofuran, und Acetonitril waren nicht erfolgreich.

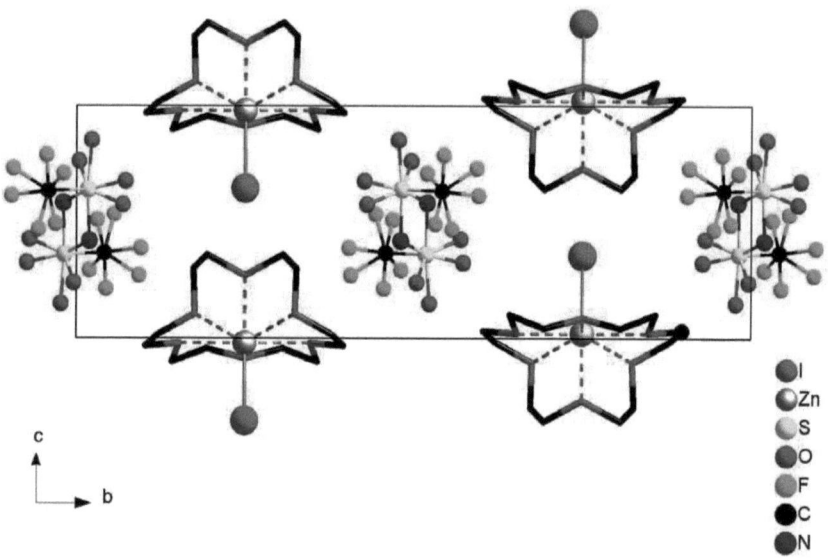

**Abbildung 23.** Elementarzelle von [ZnI(18-Krone-6)][N(Tf)$_2$] mit Blickrichtung entlang [100].

Die Titelverbindung kristallisiert monoklin in der Raumgruppe $P2_1/m$ und ist salzartig aus [ZnI(18-Krone-6)]$^+$-Kationen und [N(Tf)$_2$]$^-$-Anionen aufgebaut (Abbildung 23). Das schwach koordinierende Anion [N(Tf)$_2$]$^-$ der verwendeten Ionischen Flüssigkeit ist auf kristallographischen Inversionszentren positioniert und an alle Atome des Anions sind daher fehlgeordnet. Nach freier Verfeinerung der Besetzungsfaktoren ergibt sich erwartungsgemäß ein Verhältnis von 1:1 für beide Positionen. Eine Strukturverfeinerung in der chiralen Raumgruppe $P2_1$ war nicht möglich. Unter Zuhilfenahme des Programms PLATON konnten keine alternativen Aufstellungen der Elementarzelle gefunden werden [122]. In der Literatur wurde bereits von ähnlichen Fehlordnungen des $[N(Tf)_2]^-$-Anions berichtet [123]. Das Kation setzt sich aus $(ZnI)^+$-Einheiten mit endocyclischer Koordination des Metall-Atoms durch 18-Krone-6 zusammen. Bezogen auf die Positionen der Sauerstoff-Atome liegt das Kronenether-Molekül nicht in der erwarteten planaren, sondern in einer bislang nicht bekannten pentagonal-pyramidalen Konformation vor. Hierbei ist das $Zn^{2+}$-Kation in der geringfügig verzerrt pentagonalen $O_5$-Ebene positioniert (O–Zn–O: 67,0–71,2 °). Drei kürzere (222–224 pm) und zwei längere Zn–O-Abstände (246 pm) beschreiben die Auslenkung in Bezug auf das Zentrum der pentagonalen Grundfläche. In axialer Richtung wird zum einen eine kovalente Zn–I-Bindung (256 pm) und zum anderen eine verhältnismäßig kurze koordinative Zn–O-Bindung (208 pm) beobachtet. Entgegen der gewählten Projektion in Abbildung 24 ist O1–Zn1–I1 nicht linear sondern gewinkelt (165,1 °). Unter Einbeziehung aller Zn–O- und Zn–I-Abstände resultiert für Zn1 insgesamt eine verzerrt pentagonal-bipyramidale Koordinationssphäre (Abbildung 24).

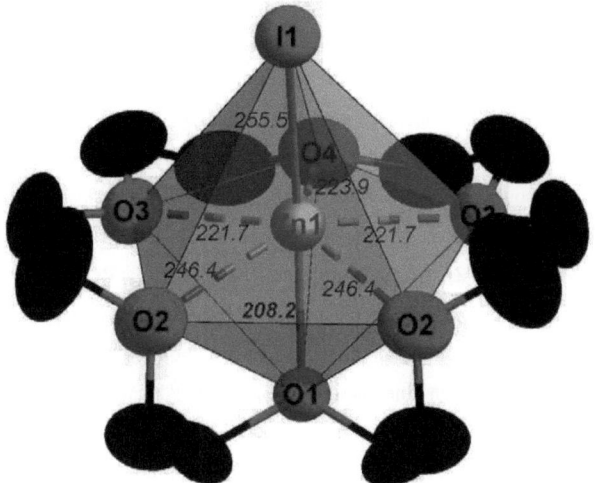

**Abbildung 24.** Das $[ZnI(18-Krone-6)]^+$-Kation in $[ZnI(18-Krone-6)][N(Tf)_2]$ (Bindungslängen in pm; Auslenkungsellipsoide mit 50 %-Aufenthaltswahrscheinlichkeit).

Mit einem Ionenradius von 74 pm ist $Zn^{2+}$ ein Kation, das für eine endocyclische Koordination durch 18-Krone-6 eigentlich zu klein ist. Deutlich wird dies im Vergleich mit den Kationen-Radien von K⁺ (138 pm) und Rb⁺ (152 pm), welche häufig mit der Ringgröße des 18-Krone-6-Moleküls assoziiert werden [124]. Für 18-Krone-6-Komplexe von Zink-Halogen-Verbindungen wurden daher mehrheitlich Strukturen mit exoclyscher Zn-Koordination über einen Sauerstoff-Liganden beobachtet [63,125]. Bei endocyclischer Koordination an $Zn^{2+}$ fungiert 18-Krone-6 immer als dreizähniger Ligand [56,63]. Erst bei einer Komplexierung durch den kleineren Kronenether 15-Krone-5 wird eine zentrierte Position der $Zn^{2+}$-Kationen mit Koordination durch fünf Sauerstoff-Atome beobachtet [126]. Die drei unterschiedlichen Koordinations-Modi sind in Abbildung 25 vergleichend gegenübergestellt.

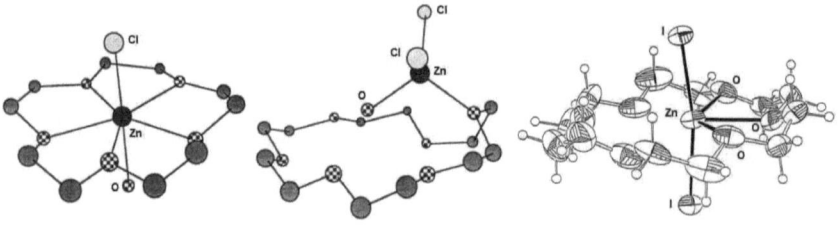

**Abbildung 25.** Literaturbekannte Zink-Komplexe von 15-Krone-5 und 18-Krone-6 im Vergleich: [ZnCl(H₂O)(15-Krone-5)]⁺ (links), ZnCl₂(18-Krone-6)(H₂O) (Mitte) und ZnI₂(18-Krone-6) (rechts) [58,63,126].

Ein Vergleich mit 15-Krone-5 ist an dieser Stelle sinnvoll, da das Koordinationsverhalten hier ähnlich der Titelverbindung durch ein pentagonal-bipyramidales Polyeder beschrieben werden kann. Demnach ist davon auszugehen, dass die ungewöhnliche Kronenether-Konformation in [ZnI(18-Krone-6)][N(Tf)₂] das Bestreben widerspiegelt, das zu große Verhältnis von Ringgröße zu Kationenradius zu kompensieren. Zur Diskussion steht weiterhin der Abstand Zn1–O1, welcher in Relation zu den äquatorialen Zn–O-Abständen 6 bzw. 16 % (bezogen auf Zn1–O3/ Zn1–O4 bzw. Zn–O5) kürzer ausfällt. Er kann als Resultat einer intramolekularen nukleophilen Addition an die sterisch ungehinderte Rückseite des (ZnI⁺)-Kationes interpretiert werden und deutet auf eine erstaunlich hohe Flexibilität des Kronenether-Moleküls hin. Somit liegen die äquatorialen Zn–O-Abstände in einem vergleichbaren Bereich zu den kürzeren Abständen anderer Zn-Komplexen von 18-Krone-6 (Zn–O: 230 – 321 pm) [63]. Zn1–O1 zeigt hingegen eher eine Ähnlichkeit zu Zink-Komplexen von 15-Krone-5 oder H₂O (215 – 226 pm bzw. 199 – 208 pm) [125,126,127].

Ein weiterer wichtiger Aspekt bei der Diskussion der Kronenether-Konformation wird erkennbar, nachdem man in der Kristallstruktur der Titelverbindung für das 18-Krone-6-Molekül Wasserstoff-Atome konstruiert hat. Zwischen den H-Atomen von 18-Krone-6 und den F-Atomen von [N(Tf)$_2$]$^-$ können Wasserstoff-Brücken-Bindungen unterschiedlicher Bindungsstärke (231–258 pm) beobachtet werden (Abbildung 26). *Howard* et al. haben in einer Studie zu dem Thema "*How good is Fluorine as a Hydrogen Bond Acceptor?*" die H···F-Bindungssituation von über 500 Organo-Fluor-Verbindungen verglichen [128]. Demnach sind nur ca. 10 % der beobachteten C–F···H–X Abstände kleiner als 235 pm und als "stark" eingestuft worden. Die Mehrheit der H···F-Abstände liegt allerdings im Bereich von 250 bis 260 pm und damit nur knapp unterhalb der Summe der Van-der-Waals-Radien (267 pm). Der Schwellenwert zur Klassifizierung einer starken H···F-Bindung entspricht ca. 88 % hiervon und ist anscheinend willkürlich festgelegt worden. Im vorliegenden Fall ist sicher ein anteiliger Einfluss durch H···F-Brücken vorhanden. Obgleich sie – mit Ausnahme eines H···F-Abstandes von 231 pm – als schwach eingestuft werden müssen, sind sie an den meisten Fluor-Atomen präsent und stellen in ihrer Summe eine nicht zu vernachlässigende attraktive Wechselwirkung dar.

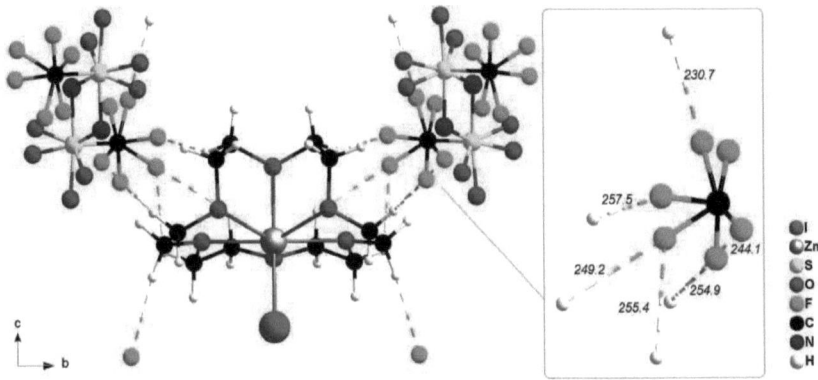

**Abbildung 26.** Fluor-Wasserstoff-Brücken in [ZnI(18-Krone-6)][N(Tf)$_2$].

### 3.2.6 Vergleichende Diskussion

Die in Kapitel 3.2.3 vorgestellte Synthese von SnI$_4$ · 1,4-Dithian als erstem kristallografisch charakterisiertem Thioäther-Komplex von SnI$_4$ spiegelt exemplarisch wider, dass Komplex-Verbindungen von Metalliodiden weniger erforscht sind als die der analogen Bromide oder Chloride. Eine wesentliche Ursache dieses Trends ist der höhere sterische Anspruch der Iodid-Liganden und die dadurch erschwerte Koordination zusätzlicher Liganden. Zusätzlich besitzt die M–I-Bindung aufgrund der im Vergleich zu den niederen

Homologen geringeren Elektronegativitätsdifferenz einen stärkeren kovalenten Charakter. Mit dem im Vergleich zu $Cl^-$ und $Br^-$ geringeren –I-Effekt durch $I^-$ geht eine geringere Elektrophilie der Metallzentren und damit eine geringeres Koordinationsbestreben einher. Im Hinblick auf die eingangs angesprochenen Anwendungsmöglichkeiten und ihre abwechslungsreiche Strukturchemie stellen jedoch insbesondere Iodometallate eine interessante Verbindungsklasse im System Kronenether/$M_aX_b$ (M = Zn, Cd, Sn, Pb; X = F, Cl, Br, I) dar.

Die Stabilität eines Kronenether-Metall-Komplexes wird durch viele Faktoren beeinflusst. Der wohl wichtigste Aspekt ist das Verhältnis zwischen Kationenradius und Ringdurchmesser des Kronenethers [129,130].

**Tabelle 2.** Ionenradien einiger Kationen für die Koordinationszahl 6 [124].

|  | $Li^+$ | $Na^+$ | $K^+$ | $Rb^+$ | $Zn^{2+}$ | $Cd^{2+}$ | $Sn^{4+}$ | $Pb^{2+}$ |
|---|---|---|---|---|---|---|---|---|
| Ionenradius /pm | 76 | 102 | 138 | 152 | 74 | 95 | 69 | 119 |

Im wässrigen Medium ist die Stabilitätskonstante des 18-Krone-6-Komplexes von $K^+$ fast um den Faktor 100 größer als für $Na^+$ [55]. Wie die Arbeiten von *Solov'ev* et al. zeigen, können neben Wasser-Molekülen auch andere Solvens-Moleküle in Konkurrenz zur Kronenether-Koordination stehen [131]. Da die Umsetzungen der vorliegenden Arbeit nicht in Wasser, sondern in Ionischen Flüssigkeiten durchgeführt worden sind, ist bedingt durch die schwach koordinierenden Eigenschaften mit anderen Solvatationseffekten zu rechnen. In der bislang einzigen Arbeit zur Stabilität von Alkalimetall-Kronenether-Komplexen in Ionischen Flüssigkeiten wird über teilweise signifikant unterschiedliche Stabilitätskonstanten im Vergleich zum wässrigen Medium berichtet [132]. Ein allgemein gültiger Trend lässt sich allerdings nicht abschätzen, zumal diese Untersuchungen auf die Ionische Flüssigkeit [BMP][$BF_4$] beschränkt sind. Unter der Vereinfachung, diesen Punkt nicht zu berücksichtigen, sollte aufgrund der vergleichbaren Ionenradien die Stabilität eines 18-Krone-6-Komplexes von $Cd^{2+}$ in Ionischen Flüssigkeiten in einem ähnlichen Rahmen liegen wie die eines 18-Krone-6-Komplexes von $Na^+$ in $H_2O$. Weiterhin lässt sich anhand der in Tabelle 2 aufgeführten Ionenradien schlussfolgern, dass keine endocyclischer Koordination des noch kleineren Kations $Zn^{2+}$ zu erwarten ist. Auch der Ionenradius von $Pb^{2+}$ ist noch deutlich kleiner als der des $K^+$-Kations, welches bekanntermaßen selektiv durch 18-Krone-6 komplexer wird [124]. Aufgrund der mit $Na^+$ und $Li^+$ vergleichbaren Ionenradien von $Cd^{2+}$ und $Zn^{2+}$ sind stabilere Komplexe mit kleineren Kronenethern 15-Krone-5 oder 12-Krone-4 zu erwarten. Diese Annahme wird durch die vorgestellte Komplex-Verbindung

[ZnI(18-Krone-6)][N(Tf)$_2$] bestätigt. Die hier vorliegende Konformation von 18-Krone-6 kompensiert den zu kleinen Ionenradius von Zn$^{2+}$ in einer Weise, die für 15-Krone-5-Komplexe charakteristisch ist (Tabelle 3) [126].

**Tabelle 3.** Intermolekulare Wechselwirkungen der vorgestellten Kronenether-Komplexe im Vergleich mit ausgewählten Verbindungen aus der Literatur.

|  | M···Ch (Ch = O, S) /pm | I···I /pm | Referenz |
|---|---|---|---|
| [Pb$_2$I$_3$(18-Krone-6)$_2$][SnI$_5$] | 267 – 285 | 402 – 406 | [133] |
| SnI$_4$ · 1,4-Dithian | 272 | 365 |  |
| CdI$_2$(18Krone-6) · 2 I$_2$ | 266 – 280 | 322, 400 | [133] |
| [ZnI(18-Krone-6)][N(Tf)$_2$] | 208 – 246 | – |  |
| [PbI(18-Krone-6)][I$_3$] | 271 – 279 | 421 | [65] |
| [Sn$_2$I$_3$(18-Krone-6)$_2$][SnI$_5$] | 261 – 294 | 406 – 409 | [76] |
| Me$_2$SnBr$_2$ · 0,5(1,4-Dithian) | 313 | – | [109] |
| CdI$_2$(Benzo-18-Krone-6) · I$_2$ | 253 – 304 | 315, – | [118] |
| [Zn(18-Krone-6)Cl · H$_2$O]$_2$[Zn$_2$Cl$_6$] | 203 – 316 | – | [63] |
| [Zn(15-Krone-5)Cl · H$_2$O]$_2$[Zn$_2$Cl$_6$] | 211 – 224 | – | [126] |

Im Vergleich dazu wird für Cd$^{2+}$ in CdI$_2$(18Krone-6) · 2 I$_2$ mit einem nur 21 pm größeren Ionenradius eine fast zentrierte Ausrichtung im Kronenether-Ring beobachtet, was zunächst durch die im Vergleich zu Zn$^{2+}$ geringere Oxophilie von Cd$^{2+}$ erklärbar ist. Bei der literaturbekannten Verbindung CdI$_2$(Benzo-18-Krone-6) · I$_2$ ist die Auslenkung in Bezug auf das Kronenether-Ringzentrum allerdings deutlich stärker ausgeprägt [118]. Dies kann als Resultat aus dem sterischen Anspruch der Benzo-Gruppe und aus der unsymmetrischen Koordination durch lediglich ein I$_2$-Molekül gewertet werden. Des Weiteren treten in CdI$_2$(18Krone-6) · 2 I$_2$ langreichweitige I–I-Wechselwirkungen auf, welche zu einer zweidimensionalen Vernetzung führen. Somit müssen daher mehrere Effekte für das unterschiedliche Cd$^{2+}$-Koordinations-Verhalten beachtet werden.

Ebenfalls eine zweidimensionale Vernetzung durch langreichweitige I–I-Wechselwirkungen unterhalb des doppelten Iod Van-der-Waals-Radius wird bei [Pb$_2$I$_3$(18-Krone-6)$_2$][SnI$_5$] beobachtet. Die im Vergleich zu [PbI(18-Krone-6)][I$_3$] etwas stärker ausgeprägte Auslenkung des Pb$^{2+}$-Kations vom Zentrum des Kronenether-Ringes ist auf die zusätzliche Bindung zu dem verbrückenden Iodid-Anion zu erklären [65]. Sie ist für

$Sn^{2+}$ in der isotypen Verbindung $[Sn_2I_3(18\text{-Krone-}6)_2][SnI_5]$ erwartungsgemäß noch stärker ausgeprägt [76].

1,4-Dithian ist kein Kronenether im klassischen Sinn. Zwar kann der cyclische Thioether als Oligomer der allgemeinen Zusammensetzung $(-CH_2-CH_2-S-)_n$ verstanden werden, eine Möglichkeit zur endocyclischen Koordination ist jedoch aufgrund des kleinen Ringdurchmessers nicht gegeben. $SnI_4$ · 1,4-Dithian weist daher als einzige der hier diskutierten Verbindungen eine exocyclische Koordination des Metallzentrums auf. Im Vergleich zu $Me_2SnBr_2$ · 0,5(1,4-Dithian) werden verhältnismäßig kurze Sn–S-Abstände beobachtet [109]. Dies lässt sich durch die quadratisch-planare Geometrie der $SnI_4$-Moleküle erklären, die im Vergleich zu einer tetraedrischen Anordnung einen geringeren sterischen Einfluss aufweisen. Weiterhin bedingt diese Konformation deutlich kürzere (I–I: 365 pm) intermolekulare I–I-Abstände als zwischen den tetraedrischen $SnI_4$-Molekülen (I–I: 421 pm) der Ausgangsverbindung [102]. Insgesamt resultiert ein dreidimensionales Netzwerk auf Basis der kurzen intermolekularen I–I- und Sn–S-Abstände.

## 3.3 Untersuchungen zum Reaktionsverhalten von Halogenen und Interhalogenen in Ionischen Flüssigkeiten

### 3.3.1 Stand der Literatur

Bereits 1814 – drei Jahre nach der Entdeckung des Elements Iod durch *Curtois* – wurde mit dem heute wohlbekannten Iod-Stärke-Komplex ein charakteristischer Nachweis für Iod geliefert [134,135]. Wie von *Teitelbaum* et al. im Jahr 1980 gezeigt werden konnte, besteht dieser Komplex aus verschieden Polyiodid-Fragmenten und stellt damit die erste Anwendung im Bereich der Polyhalogenid-Chemie dar [136]. 1870 lieferte *Jörgensen* erste systematische Untersuchung zu Polyiodiden [137]. Erst einige Jahrzehnte später, im Jahr 1935, erfolgte mittels Röntgenbeugung am Einkristall die erste Strukturaufklärung an einem Polyiodid, $[NH_4][I_3]$ [138]. In den darauffolgenden Jahren wurden viele weitere Polyhalogenide vorgestellt. Ihre faszinierende Strukturchemie ist auch heute noch Gegenstand des Interesses [139–143]. Dominiert wird die Verbindungsklasse der Polyhalogenide durch Polyiodide der allgemeinen Zusammensetzung $[I_{n+m}]^{m-}$ (mit $n(I^{\pm 0})$ und $m(I^{-1})$). Ihre strukturelle Vielfalt kann auf die Donor-Akzeptor Wechselwirkung zwischen den Lewis-Basen $I^-$ und $[I_3]^-$ und der Lewis-Säure $I_2$ zurückgeführt werden. Diese Fragmente können als „Bausteine" fungieren und zu großen isolierten Polyiodid-Anionen wie $[I_{26}]^{3-}$ oder $[I_{29}]^{3-}$ zusammengesetzt werden [139,142]. Bezieht man Iod–Iod-Abstände bis zum doppelten Van-der-Waals-Radius (420 pm) ein, ist oftmals eine Beschreibung als ein-, zwei- oder drei-dimensionales Netzwerk sinnvoll [144]. Weitere Einzelheiten zur großen Zahl unterschiedlicher Polyiodide sind in einem Übersichtsartikel von *Svenson* und *Kloo* zusammengefasst [139].

Mit der steigenden Reaktivität und dem höheren Dampfdruck geht eine Abnahme der Zahl der bekannten leichteren Polyhalogenide einher. Bislang sind nur wenige Polybromide und Brom-reiche Verbindungen beschrieben worden. Typischerweise setzen sich diese aus anionischen Bromidometallat-Baueinheiten und Komplexen wie $[Cu_2Br_6]^{2-}$, $[Se_2Br_{10}]^{2-}$, $[Sb_2Br_9]^{3-}$ oder $[(Me_3P)AuBr_3]$ zusammen, welche zumeist über ein oder zwei Brom-Moleküle verbrückt werden [145–147,25]. In diesem Zusammenhang stellt $[(C_4H_9)_4N]_2[Pt_2Br_{10}](Br_2)_7$ die bislang Brom-reichste Verbindung dar [148]. So sind

Polybromide limitiert auf die linearen Anionen $[Br_3]^-$ und $[Br_4]^{2-}$, Z-förmiges $[Br_8]^{2-}$ und ringartiges $[Br_{10}]^{2-}$ [149–151]. Darüber hinaus sind $[C_5H_6S_4Br^+][(Br_3^-)(½Br_2)]$ und $[H_4Tppz^{4+}][(Br^-)_2(Br_4^{2-})]$ als eindimensionale (1D) Polybromid-Netzwerke bekannt [152,153]. Schließlich wurde mit $[TtddBr_2]^{2+}[(Br^-)_2(Br_2)_3]$ kürzlich über ein unendlich ausgedehntes zweidimensionales (2D) Polybromid-Netzwerk berichtet [154]. Als Polychloride sind lediglich lineares $[Cl_3]^-$ und V-förmiges $[(Cl_3)(Cl_2)]^-$ bekannt [155]. Die Existenz anderer Polyfluoride als $[F_3]^-$ ist nach wie vor Gegenstand einer kontroversen Diskussion [156–158].

Ein ähnlicher Trend ist auch bei den gemischten Polyhalogeniden zu erkennen. Neben zahlreichen Kristallstrukturen zu den vier Trihalogenid-Isomeren findet man im System Iod/Brom die isolierten Polyhalogenid-Anionen [I–I–Br–I–I]⁻, [Br–I–Br–I–Br]⁻ und [Br–(Br–I)₃]⁻ [159–162]. Heteronukleare Polyhalogenide unter Beteiligung von Iod und Chlor sind weitestgehend auf kleine diskrete Anionen limitiert. Auch hier repräsentieren die Isomere des Trihalogenids die Mehrheit der bekannten Einkristallstrukturdaten. Hierbei werden die meisten Einträge zu dem [Cl–I–Cl]⁻-Anion gefunden, gefolgt von [I–I–Cl]⁻ und [I–Cl–I]⁻ [162–164]. Eine Kristallstruktur des Anions [Cl–Cl–I]⁻ ist bisher nicht bekannt. Ab-initio-MO-Berechnungen bezüglich der Stabilität gemischter Trihalogenid-Anionen $[X_nY_{3-n}]^-$ (n = 1, 2) in der Gasphase und in Lösung bestätigen diese Beobachtungen: Ist Y das schwerere und X das leichtere Halogen, so ergibt sich für die Isomere [X–Y–X]⁻ und [Y–Y–X]⁻ eine höhere Stabilität als für [Y–X–X]⁻ und [Y–X–Y]⁻ [165]. Neben den linearen Trihalogeniden gibt es formal ein Beispiel für ein gewinkeltes [I–Cl–I]⁻-Anion, welche aus einer Verknüpfung von zwei N-Iodosuccinimid-Kationen über ein Iodid-Anion resultiert [166]. Weiterhin wurde bereits in den 60er Jahren $[ICl_4]^-$ mit einer für Polyhalogenide unüblichen quadratisch-planaren Geometrie vorgestellt [167]. Darüber hinaus sind jeweils ein Beispiel für ein lineares $[Cl–I–I–Cl]^{2-}$ und ein V-förmiges [Cl–I–Cl–I–Cl]⁻-Anion bekannt [168,169]. Bei den binären Polyhalogeniden mit Fluor sind bislang nur das lineare $[XF_2]^-$ und das quadratisch-planare $[XF_4]^-$ (X = Cl, Br, I) kristallografisch charakterisiert worden [170–173]. Darüber hinaus stellt [Br–I–Cl]⁻ das bisher einzige ternäre Polyhalogenid dar, dessen Struktur beschrieben wurde [174].

### 3.3.2 Synthese und Charakterisierung von $[(Ph)_3PBr][Br_7]$

Die Synthese von $[(Ph)_3PBr][Br_7]$ erfolgte erstmals durch Umsetzung äquimolarer Mengen Cu und $(Ph_3)P$ mit einem Überschuss $Br_2$ in der Ionischen Flüssigkeit $[(n\text{-Bu})_3MeN][N(Tf)_2]$

bei einer Reaktionstemperatur von 100 °C [78]. Die Titelverbindung fiel hierbei lediglich als Nebenprodukt an, weswegen von einer weiteren Charakterisierung abgesehen wurde.

Aus den in Kapitel 3.1 angesprochenen Überlegungen und Vorversuchen resultieren wichtige Erkenntnisse bezüglich der Erhöhung von Reaktivität, Phasenreinheit und Ausbeute der Titelverbindung. Bei vorherigem Lösen von $(Ph)_3P$ (342,5 mg, 1 eq) bei 100 °C in einem eutektischen Gemisch aus $[C_{10}MPyr]Br$ (400 mg, 1 eq) und $[C_4MPyr]OTf$ (380,4 mg, 1 eq) und anschließender Zugabe von $Br_2$ (0.33 mL, 5 eq) bei Raumtemperatur wird ein im Vergleich zur Synthese bei 100 °C in $[(n\text{-}Bu)_3MeN][N(Tf)_2]$ verminderter Brom-Dampfdruck beobachtet. Aus der hellroten Lösung entstehen innerhalb von 24 h orangefarbene, nadelförmige Kristalle in hoher Ausbeute (ca. 85 %). Bei der Aufarbeitung des kristallinen Feststoffes durch Überführen in eine Glasfritte und anschließendes Waschen wird eine hohe Löslichkeit sowohl in aprotisch-unpolaren Lösungsmitteln (z. B. Heptan, Diethylether) als auch aprotisch-polaren Lösungsmitteln (z. B. Acetonitril, Tetrahydrofuran) festgestellt. Aufgrund der schlechten Löslichkeit von $[(n\text{-}Bu)_3MeN][N(Tf)_2]$ gegenüber unpolaren Lösungsmitteln wurde trotz des hohen Ausbeuteverlusts das beste Ergebnis durch Waschen mit geringen Mengen absoluten Acetonitrils erhalten (Ausbeute ca. 5 %).

Gemäß Untersuchung mittels Röntgenbeugung am Einkristall kristallisiert die Titelverbindung monoklin in der chiralen Raumgruppe $P2_1$ und setzt sich salzartig aus $[(Ph)_3PBr]^+$ und $[Br_7]^-$-Einheiten zusammen. Die Wahl einer zentrosymmetrischen Raumgruppe ist aufgrund des Nichtvorhandenseins eines Inversionszentrums auszuschließen. Dies wird aus der räumlichen Anordnung der tripodalen $[Br_7^-]$-Anionen ersichtlich, welche mit ihrer Spitze ausschließlich entlang [010] orientiert sind (Abbildung 27). Dass das Anion aufgrund seiner unterschiedlichen Bindungslängen formal auch als Addukt $[Br^-]\cdot 3Br_2$ aufgefasst werden kann, ist durch die unterschiedliche Farbgebung ($Br^-$: orange, $Br_2$: dunkelrot) deutlich gemacht.

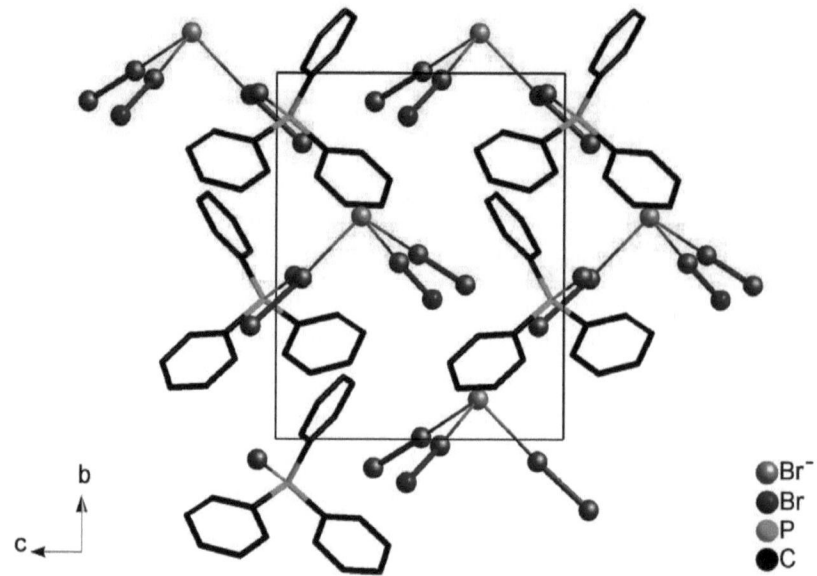

**Abbildung 27.** Elementarzelle von [(Ph)$_3$PBr][Br$_7$] mit Blickrichtung entlang der *a*-Achse. Auf die Darstellung von intermolekularen Wechselwirkungen wurde aus Gründen der Übersichtlichkeit verzichtet.

Insgesamt lässt sich die Bindungssituation von [(Ph)$_3$PBr][Br$_7$] durch Einteilung der Br–Br-Abstände in vier verschiedene Gruppen beschreiben. Hierbei finden sich die kürzesten Abstände (233–238 pm) in den Brom-Molekülen, was gegenüber dem Element im festen Zustand eine merkliche Verlängerung darstellt (227 pm) [102]. Weiterhin existieren zwischen Brom-Molekülen und Bromid-Anion einer [Br$_7$]⁻-Einheit Abstände in einem Bereich von 287 bis 291 pm. Bei genauerer Betrachtung der Bindungslängen fällt auf, dass die Beschreibung der Struktur als isolierte Baugruppe – wie in Abbildung 27 vereinfacht dargestellt – nicht vollständig ist. Unter Berücksichtigung von Bindungen unterhalb des doppelten Van-der-Waals-Radius von Brom (370 pm), müssen nämlich je [Br$_7$]⁻-Einheit fünf weitere Br–Br-Abstände berücksichtigt werden (Abbildung 28). Mit je zwei Kontakten Br1–Br3 (332 pm) und Br3–Br5 (340 pm) ist jede Anionen-Baugruppe mit vier weiteren verknüpft. Darüber hinaus besteht mit 350 pm zwischen Br2 und Br8 eine etwas schwächere Wechselwirkung mit dem Brom-Atom des Kations.

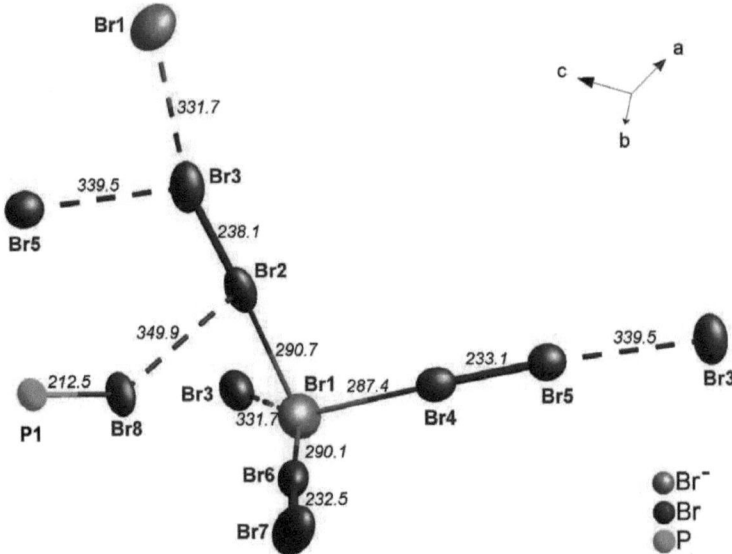

**Abbildung 28.** Intra- und intermolekulare Bindungslängen des tripodalen Anions [Br$_7$]$^-$, aufgebaut aus Bromid (Br1, orange) und Brom-Molekülen (Br$_2$, dunkelrot) (Bindungslängen in pm; Auslenkungsellipsoide mit 50 %-Aufenthaltswahrscheinlichkeit).

Zum besseren Verständnis bezüglich des daraus resultierenden zweidimensionalen Netzwerkes in [(Ph)$_3$PBr][Br$_7$] kann die intermolekulare Wechselwirkung Br1···Br3 in die Betrachtung der Koordinationssphäre um Br1 mit einbezogen werden. Somit erhält man aus der vorigen tripodalen Anordnung formal eine (3+1)-Koordination. Ausgehend von Br1 wird in jede der vier Richtungen des verzerrten Tetraeders ein anderes Verknüpfungsmuster beobachtet. Hierbei verfügen die terminalen Positionen des [Br$_7$]$^-$-Anions zwei (Br3···Br5, Br3···Br1), eine (Br5···Br3) bzw. gar keine (Br7) Koordinationsstelle. Bedingt durch die vorgegebene Symmetrie fungieren somit die zwei Verknüpfungen Br1–Br2–Br3···Br1 bzw. Br1···Br3–Br2–Br1 als direkte "Linker" zu einem nächsten Bromid-Anion. In Richtung Br1–Br4–Br5 ist hingegen ein weiteres Brom-Molekül (Br3–Br2) involviert (Abbildung 29). Des Weiteren kann davon ausgegangen werden, dass kein merklicher Struktureinfluss durch Wasserstoff-Brückenbindungen vorhanden ist, da diese – mit 286 pm als kürzester Abstand bei Br8 – verhältnismäßig schwach ausfallen. Typische Brom-Wasserstoff-Brückenbindung liegen in einem Bereich von 240 bis 290 pm) [175].

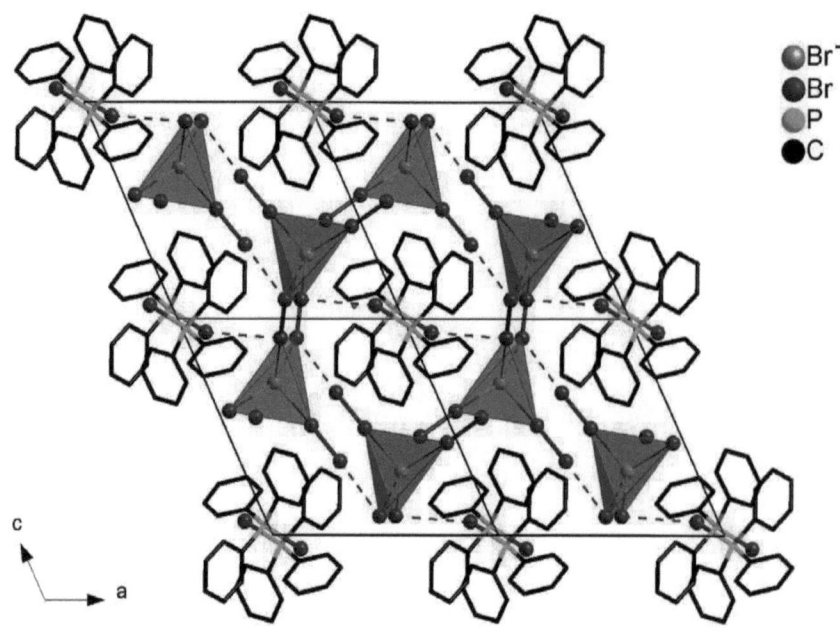

**Abbildung 29.** 2x2 Superzelle von [(Ph)$_3$PBr][Br$_7$] mit Blickrichtung entlang [010]. Das zentrale Bromid-Anion (Br1, orange) ist verzerrt tetraedrisch in einer (3+1)-Koordination von vier Brom-Molekülen (Br$_2$, dunkelrot) umgeben.

Um weitere Charakterisierungsschritte an der Titelverbindung durchzuführen, wurde die Verbindung durch Waschen mit Acetonitril von der Ionischen Flüssigkeit isoliert. Der Vergleich der aus Einkristalldaten berechneten mit den aus Röntgenbeugung am erhaltenen Pulver gemessenen Diffraktogramme zeigen signifikante Abweichungen (Abbildung 31 oben). Eine Abtrennung der Titelverbindung [(Ph)$_3$PBr][Br$_7$] von der Ionischen Flüssigkeit [(n-Bu)$_3$MeN][N(Tf)$_2$] durch Aufarbeitung mittels Acetonitril ist demnach nicht möglich.

**Abbildung 30.** Foto von [(Ph)$_3$PBr][Br$_7$] in [(n-Bu)$_3$MeN][N(Tf)$_2$].

Für das Resultat kann es zwei Ursachen geben: Einerseits besteht die Möglichkeit, dass [(Ph)$_3$PBr][Br$_7$] nur in geringen Mengen neben einer nicht identifizierten, polykristallinen und ebenfalls hellroten Hauptphase vorliegt. Dies stünde allerdings im Widerspruch zu den in Abbildung 30 gezeigten Kristallen, welche zumindest optisch den Eindruck einer homogenen Phase vermitteln. Darüber hinaus wurde zur Absicherung die Einkristallstrukturanalyse mehrfach an verschiedenen Einkristallen wiederholt. Dabei wurde stets die Titelverbindung gemessen. Am wahrscheinlichsten erscheint die Zersetzung der Verbindung durch das Waschen Acetonitril. Aufgrund der gelblichen Farbe der gewaschenen Kristalle lassen sich an dieser Stelle Brom-ärmere Derivate von [(Ph)$_3$PBr][Br$_7$] erwarten. Durch den Vergleich des gemessenen Pulverdiffraktogrammes mit dem der literaturbekannten Verbindung [(Ph)$_3$PBr][Br$_3$] (Abbildung 31 unten) kann jedoch auch diese Verbindung als Zersetzungsprodukt ausgeschlossen werden [176]. Die Frage nach der Identifizierung der entstandenen polykristallinen Phase konnte daher in der vorliegenden Arbeit nicht beantwortet werden.

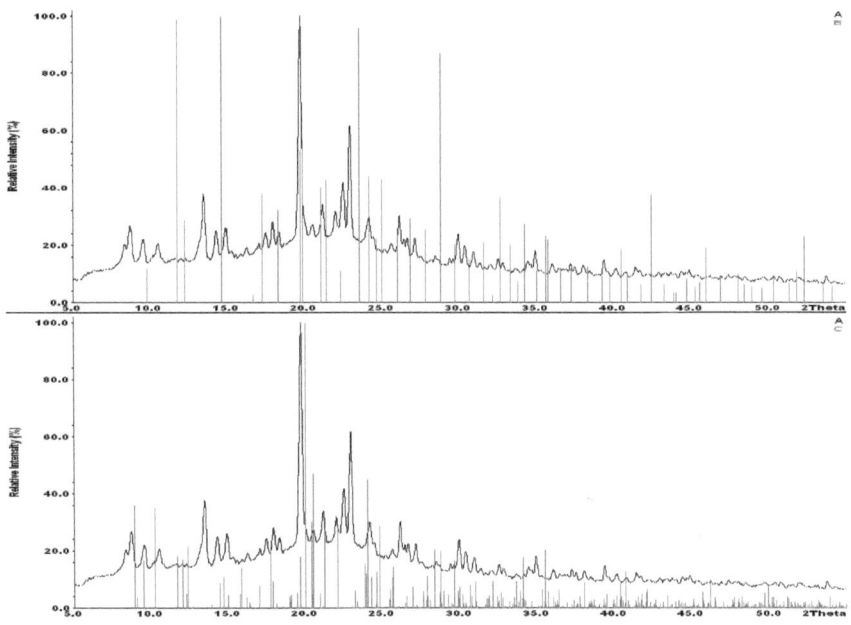

**Abbildung 31.** *oben*: gemessenes (**A**, schwarz) und aus Einkristalldaten berechnetes (**B**, grau) Pulverdiffraktogramm von [(Ph)$_3$PBr][Br$_7$]; *unten*: gemessenes Pulverdiffraktogramm von [(Ph)$_3$PBr][Br$_7$] (**A**, schwarz) und aus Einkristalldaten berechnetes Pulverdiffraktogramm von [(Ph)$_3$PBr][Br$_3$] (**C**, grau).

### 3.3.3 Synthese und Kristallstruktur von [(Bz)(Ph)$_3$P]$_2$[Br$_8$]

Die Synthese der Verbindung [(Bz)(Ph)$_3$P]$_2$[Br$_8$] gelingt durch Reaktion von [(Bz)Ph$_3$P]Br (338,2 mg, 1 eq) mit Br$_2$ im Überschuss (0,2 ml, 5 eq) in einem äquimolaren, eutektischen Gemisch der Ionischen Flüssigkeiten [C$_{10}$MPyr]Br (400 mg, 1 eq) und [C$_4$MPyr]OTf (380,4 mg, 1 eq). Überlegung zur Wahl des [(Bz)(Ph)$_3$P]$^+$-Kations ist die im vorangehenden Kapitel angesprochene Bromierung von (Ph)$_3$P über die Zwischenstufe [(Ph$_3$P)Br]Br. Die mit ca. 75 % Ausbeute aus der Umsetzung resultierenden hellroten Kristalle weisen die Zusammensetzung [(Bz)(Ph)$_3$P]$_2$[Br$_8$] auf. Die Verbindung kristallisiert in der triklinen Raumgruppe $P\overline{1}$. Gemäß der Einkristallstrukturanalyse ist die Verbindung aus [(Bz)(Ph)$_3$P]$^+$-Kationen und Z-förmigen [Br$_8$]$^{2-}$-Anionen aufgebaut (Abbildung 32).

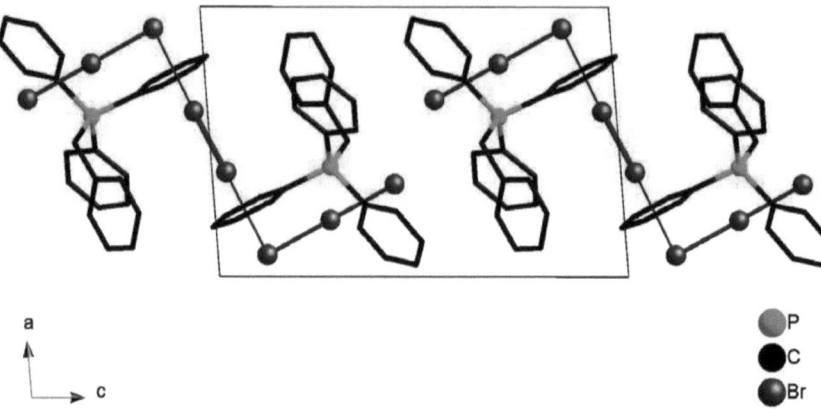

**Abbildung 32.** Elementarzelle von [(Bz)(Ph)$_3$P]$_2$[Br$_8$] mit Blickrichtung entlang der *b*-Achse.

Obwohl über ein Z-förmiges Polybromid [Br$_8$]$^{2-}$ bereits in der Verbindung [Q]$_2$[Br$_8$] berichtet wurde, legt ein direkter Vergleich der beiden Spezies signifikante Unterschiede offen [150]. Offensichtlich ist hierbei zunächst, dass der Winkel Br2–Br3–Br4 der Titelverbindung mit 88.0 ° im Vergleich mit [Q]$_2$[Br$_8$] mit 107 ° deutlich kleiner ausfällt, wodurch für [(Bz)(Ph)$_3$P]$_2$[Br$_8$] eine merkliche Stauchung der Z-Konformation resultiert (Abbildung 33). Weiterhin fällt auf, dass die Abstände Br1–Br2–Br3 mit 252 und 250 pm nahezu identisch sind. Bei [Q]$_2$[Br$_8$] wird hier hingegen eine unsymmetrische Bindungssituation beobachtet (243 und 266 pm). Folglich könnte das [Br$_8$]$^{2-}$ der Titelverbindung eher als [(Br$_3$)$_2$(Br$^-$)$_2$] und das in [Q]$_2$[Br$_8$] als [(Br$^-$)(Br$_2$)$_3$] aufgefasst werden. Sowohl die Bindung des zentralen Brom-Moleküls (Br4–Br4: 231 pm) als auch der

Abstand zu den terminalen [Br₃]⁻-Einheiten (Br4–Br3: 310 pm) ist für [(Bz)(Ph)₃P]₂[Br₈] etwas kürzer als für [Q]₂[Br₈] (235 pm bzw. 317 pm).

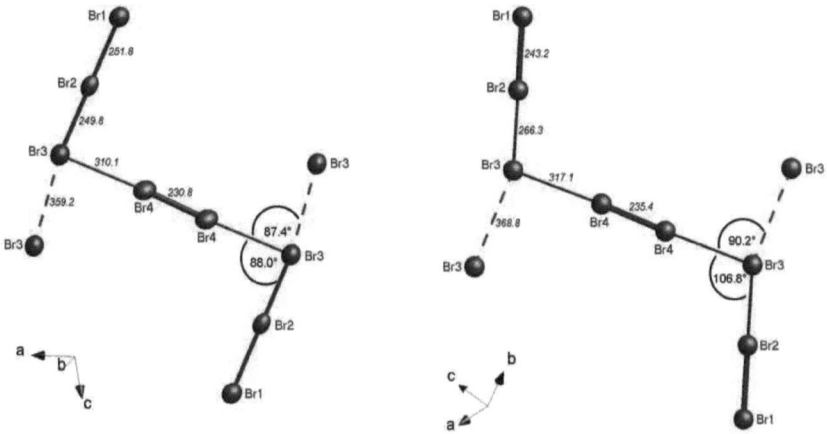

**Abbildung 33.** Die Konformere des [Br₈]²⁻-Anions in [(Bz)(Ph)₃P]₂[Br₈] (links) und [Q]₂[Br₈] (rechts) im Vergleich (Bindungslängen in pm; Auslenkungsellipsoide mit 50 %-Aufenthaltswahrscheinlichkeit).

Auch für [(Bz)(Ph)₃P]₂[Br₈] werden lange Br–Br-Bindungen beobachtet. Diese fallen jedoch mit 359 pm im Vergleich zu den weiteren Polybromiden in Kapitel 3.3 verhältnismäßig schwach aus. Eine Beschreibung basierend auf isolierten [Br₈]²⁻-Anionen scheint hier daher angemessener als die auf einer unendlichen Kette $^1_\infty$[(Br₃⁻)₂(Br₂)]. Die unterschiedlichen Konformationen des [Br₈]²⁻-Anions in [(Bz)(Ph)₃P]₂[Br₈] und [Q]₂[Br₈] können zum einen auf Form und Raumbedarf des betreffenden Kations zurückgeführt werden. Andererseits könnten auch die unterschiedlich stark ausgeprägten Wasserstoff-Brückenbindungen den maßgeblichen Einfluss auf die Strukturen haben. Einer starken Wasserstoff-Brücke für [Q]₂[Br₈] (Br3···H: 239 pm) stehen drei vergleichsweise schwache Wechselwirkungen für [(Bz)(Ph)₃P]₂[Br₈] (Br2···H: 277 und 278 pm; Br1···H: 288 pm) gegenüber.

Auch ein Vergleich mit dem ebenfalls Z-förmigen Polyiodid [I₈]²⁻ liegt an dieser Stelle nahe. Dieses ist bereits mehr als 50 Jahre strukturell bekannt und daher schon mehrfach beschrieben worden [177–179]. Ähnlich wie bei den diskutierten Oktabromiden zeigen sich auch hier Unterschiede in der Konnektivität der Teilfragmente. Am häufigsten wird das Konformer [(I₃⁻)₂(I₂)] beobachtet, seltener auch [(I₅⁻)(I₃⁻)]. Zwischen [I₃]⁻ und I₂ werden hierbei Winkel zwischen 90° und 131° und Abstände von 339 pm bis 366 pm gefunden, wodurch eine mehr oder weniger starke Verzerrungen der Z-Geometrie resultiert [178,179].

Allerdings sind immer entweder die Abstände innerhalb der [I$_3$]$^-$-Einheiten oder zwischen [I$_3$]$^-$- und I$_2$–Molekülen unsymmetrisch, sodass kein zu [(Bz)(Ph)$_3$P]$_2$[Br$_8$] vergleichbares Oktaiodid-Konfomer existiert.

### 3.3.4 Synthese und Charakterisierung von [(n-Bu)$_3$MeN]$_2$[Br$_{20}$]

Durch Umsetzung von 2-Bromophenyl-diphenylphosphan (223.2 mg, 1 eq) mit Br$_2$ (0.133 ml, 4 eq) bei 50 °C in der Ionischen Flüssigkeit [(n-Bu)$_3$MeN][N(Tf)$_2$] (0,1 ml) wurden nach langsamen Abkühlen auf –15 °C dunkelrote, plättchenförmige Kristalle mit einer Ausbeute von ungefähr 60 % erhalten. Ein geeigneter Einkristall wurde aufgrund der hohen Temperatur- und Feuchtigkeitsempfindlichkeit der Verbindung bei –20 °C mit Hilfe des in Kapitel 2.4.1 beschriebenen Aufbaus selektiert.

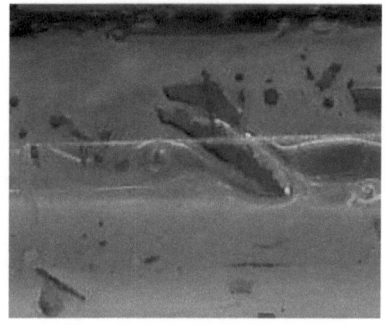

**Abbildung 34.** Foto von [(n-Bu)$_3$MeN]$_2$[Br$_{20}$] in [(n-Bu)$_3$MeN][N(Tf)$_2$] bei –15 °C.

Die im folgenden Kapitel vorgestellte Umsetzung ist das Resultat der in Kapitel 3.3.2 gewonnenen Informationen zur Struktur von [(Ph)$_3$PBr][Br$_7$] und soll weiterführend untersuchen, inwiefern Brom-substituierte Phosphonium-Kationen einen Struktureinfluss auf das gebildete Polybromid haben. Zur Vermeidung einer Kokristallisation von [C$_4$MPyr]$_2$[Br$_{20}$] (s. Kapitel 3.3.5) ist daher – trotz der in Kapitel 3.1 aufgeführten Vorteile hinsichtlich der Synthese Brom-reicher Verbindungen – auf die Verwendung des Eutektikums [C$_{10}$MPyr]Br/[C$_4$MPyr]OTf verzichtet worden. Wie die erfolgreiche Synthese von {P(o-tolyl)$_3$]Br}$_2$[Cu$_2$Br$_6$](Br$_2$) bereits gezeigt hat, eignet sich die Ionischen Flüssigkeit [(n-Bu)$_3$MeN][N(Tf)$_2$] ebenfalls als Reaktionsmedium für Umsetzungen mit elementarem Brom [25]. Subjektiv betrachtet zeigt sie eine zu dem System [C$_{10}$MPyr]Br/[C$_4$MPyr]OTf vergleichbare Löslichkeit der Edukte, allerdings wird auch eine weniger stark ausgeprägte Dampfdruckerniedrigung von Brom sowie eine Zersetzung der Ionischen Flüssigkeit bei einer Reaktionstemperatur oberhalb von 60 °C beobachtet (deutliche Schwarzfärbung der Reaktionslösung). Aufgrund der chemischen Verwandtschaft der Ammonium- und Pyrrolidinium-Kationen ist hier von einer Reaktion des nukleophilen Stickstoff-Zentrums des [N(Tf)$_2$]-Anions auszugehen.

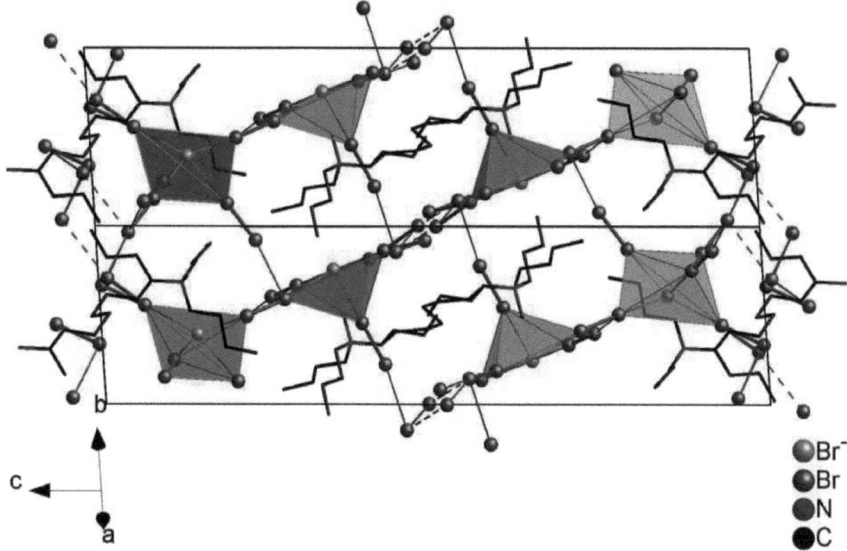

**Abbildung 35.** Darstellung der Elementarzelle von [(n-Bu)$_3$MeN]$_2$[Br$_{20}$] mit Blickrichtung entlang [110]. Die ungewöhnliche quadratisch-planare Koordination um Bromid (orange) durch Brom-Moleküle (dunkelrot) ist in Form von Koordinationspolyedern (hellrot) dargestellt.

Die Auswertung der durch Einkristallstrukturanalyse gewonnen Daten ergibt, dass im Gegensatz zu Kapitel 3.3.2 keine analoge Bromierung des Triphenylphosphan-Derivats, sondern eine Kristallisation mit dem Kation [(n-Bu)$_3$MeN]$^+$ der Ionischen Flüssigkeit erfolgt ist. Die Titelverbindung kristallisiert mit der Zusammensetzung [(n-Bu)$_3$MeN]$_2$[Br$_{20}$] in der monoklinen Raumgruppe C2/c und enthält gemäß der alternativen Beschreibung [(n-Bu)$_3$MeN]$_2$[(Br$^-$)$_2$(Br$_2$)$_9$] einen außergewöhnlich hohen Anteil von neun Brom-Molekülen pro Formeleinheit. Der Aufbau der Struktur lässt sich ausgehend von einem zentralen Bromid-Anion beschreiben, welches durch fünf Brom-Moleküle in verzerrt quadratisch-pyramidaler Orientierung koordiniert wird. Hierbei fungiert nur das Brom-Molekül Br9–Br9 als direkter Linker zwischen zwei Bromid-Anionen. Ausgehend von Br1 ist bei den verbleibenden vier Richtungen (Br2–Br3, Br4–Br5, Br6–Br7, Br8–Br10) bei der Verknüpfung zu dem nächsten Bromid-Anion ein zweites Brom-Molekül involviert, welches nahezu senkrecht zum ersten orientiert ist (Br4–Br5, Br2–Br3, Br2–Br3, Br9–Br9). Die quadratisch-pyramidale Koordination wird durch eine Projektion der Elementarzelle in die [110]-Ebene verdeutlicht (Abbildung 35), wohingegen die Vernetzung der Bromid-Anionen über ein oder zwei Brom-Moleküle und die Vernetzung der Schichten am besten durch Abbildung 36 erläutert werden.

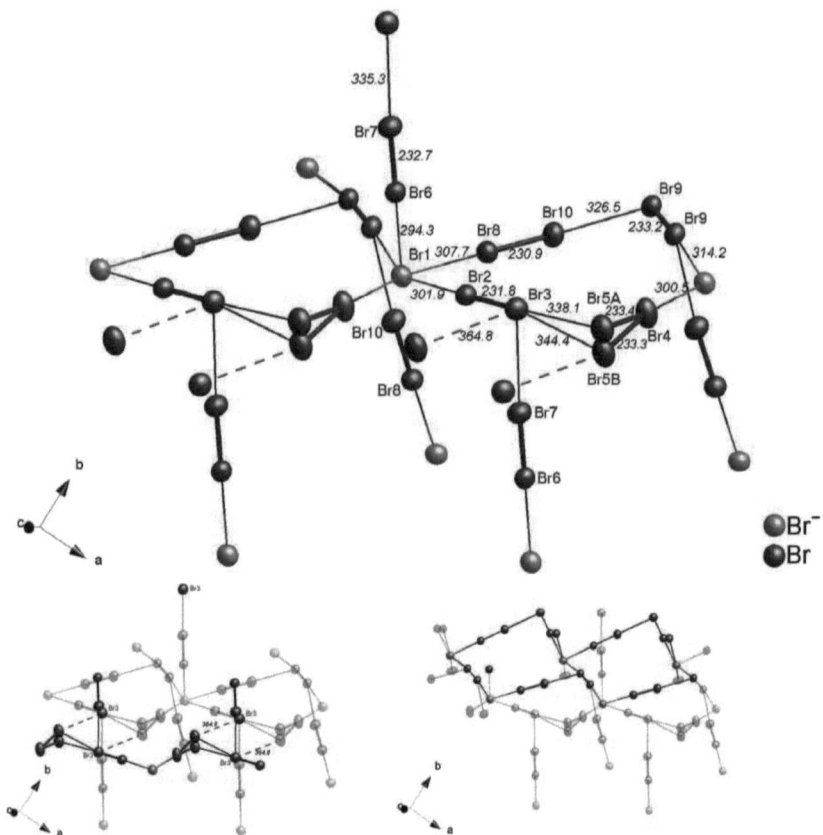

**Abbildung 36.** *oben*: Darstellung der Vernetzung zwischen Bromid-Anionen (orange) und Brom-Molekülen (dunkelrot); *unten links*: Verbindung der durch eckenverknüpfte [(Br⁻)$_2$(Br$_2$)$_4$]-Rauten aufgebauten Polybromid-Schichten über Br5B---Br3 (365 pm, gestrichelt) in Richtung [001]; *unten rechts*: Verknüpfung der [(Br⁻)$_2$(Br$_2$)$_4$]-Rauten und [(Br⁻)$_3$(Br$_2$)$_4$(Br$_2$)$_{1/2}$]-Sessel innerhalb einer Schicht über gemeinsame Seiten (alle Br–Br Abstände in pm; alle Auslenkungsellipsoide mit 50 %-Aufenthaltswahrscheinlichkeit).

Insgesamt werden für [(*n*-Bu)$_3$MeN]$_2$[Br$_{20}$] drei verschiedene Arten von Br–Br-Abständen beobachtet: Die kürzesten Bindungen (231–233 pm) repräsentieren hierbei die Brom-Moleküle und sind geringfügig verlängert im Vergleich zum Element im festen Zustand (227 pm). Des Weiteren existieren zwischen Brom-Molekülen und Bromid-Anionen Bindungen im Bereich von 294 bis 314 pm. Schlussendlich werden zwischen verschiedenen

Brom-Molekülen Abstände zwischen 327 und 344 pm beobachtet. Ausgehend von diesen Abständen wird ein unendliches, schichtartiges Polybromid-Netzwerk in Richtung der kristallografischen *a*- und *b*-Achse ausgebildet (Abbildung 35). Weiterhin sind diese Polybromid-Schichten untereinander über einen signifikant längeren Abstand Br3–Br5A (365 pm) verknüpft. In Anbetracht des doppelten Van-der-Waals Radius von Brom (370 pm) ist zwar an dieser Stelle eine Betrachtung des Abstandes als attraktive Wechselwirkung noch gerechtfertigt, für die Diskussion des Vernetzungsgrades wird dieser jedoch aufgrund der Abweichung von mehr als 20 pm zum nächst kürzeren Br–Br-Abstand nicht berücksichtigt.

Während der Strukturverfeinerung wurde für das Atom Br5 eine Fehlordnung beobachtet, weswegen die Einführung der Split-Atomlagen Br5A/Br5B erfolgte. Weiterhin zeigt auch das Kation [(*n*-Bu)$_3$MeN]$^+$ an den drei endständigen C-Atomen einer Butyl-Gruppe eine Fehlordnung (Abbildung 37).

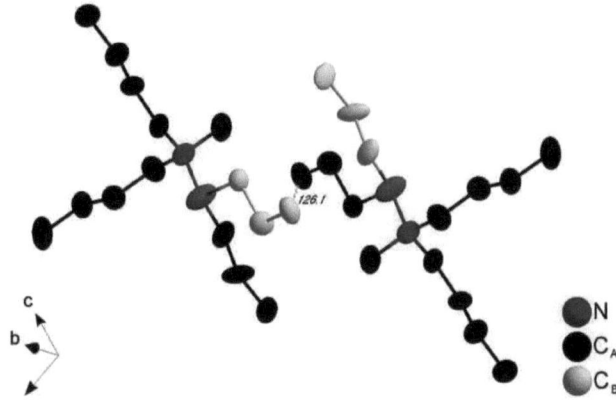

**Abbildung 37.** Fehlordnung des Kations [(*n*-Bu)$_3$MeN]$^+$. Die Orientierung der Butyl-Gruppe erfolgt entweder in Richtung A (schwarz) oder B (hellgrau) (Bindungslängen in pm; Auslenkungsellipsoide mit 50 %-Aufenthaltswahrscheinlichkeit).

Beide Fehlordnungen lassen sich mit jeweils 50%-iger Besetzung der betreffenden Atome verfeinern und zeigen nach anisotroper Verfeinerung angemessen geformte thermische Ellipsoide. Diese Arten der Fehlordnung sind nicht ungewöhnlich und wurden bereits mehrfach bei Halogen-Atomen der vergleichbaren Polyiodide und Tetralkylammonium-Verbindungen beobachtet [139]. Versuche zur Verfeinerung der Kristallstruktur in der nicht zentrosymmetrischen Raumgruppe *Cc* resultieren ebenso in Fehlordnungen der genannten Atome und darüber hinaus in höheren R-Werten, größeren anisotropen Parametern und fehlerhaften Bindungslängen für die Leichtatome. Zusätzlich wurde die Wahl der Raumgruppe *C*2/*c* mit Hilfe des Programmpakets PLATON verifiziert [122].

Auf den ersten Blick scheint das [(*n*-Bu)$_3$MeN]$^+$ nur als eine Art Templat innerhalb des Polybromid-Netzwerkes zu fungieren. Unter genauerer Betrachtung fällt allerdings auf, dass in der Verbindung signifikante Wasserstoff-Brücken vorhanden sind, welche unter anderem auch durch das fehlgeordnete Br5-Atom gebildet werden. Mit Werten von 241, 260 und 270 pm sind die beobachteten Br···H–C Abstände innerhalb des Bereiches einer Brom-Wasserstoff-Brückenbindung (240–290 pm) [180,181]. Zusätzlich ist ein signifikant längerer Abstand zwischen Wasserstoff und dem zentralen Bromid-Anion vorhanden, bei welchem eine Interpretation als Dipol-Dipol-Wechselwirkung treffender ist als eine schwache Wasserstoff-Brückenbindung. Bezieht man diesen Abstand (Br1–H7A) dennoch bei der Diskussion der Bindungssituation mit ein, wird mit der pseudo-oktaedrischen [(H)···Br(Br$_2$)$_5$]$^-$-Einheit eine Erklärung für die ungewöhnliche verzerrt quadratisch-pyramidale [Br(Br$_2$)$_5$]$^-$-Koordination geliefert (Abbildung 38). Neben den beschriebenen Wasserstoffbrücken-Bindungen trägt auch die langreichweitige Madelung-Ladungswechselwirkung zwischen [(*n*-Bu)$_3$MeN]$^+$ Kation und dem Anionen-Netzwerk zur Gesamtstabilität der Verbindung bei.

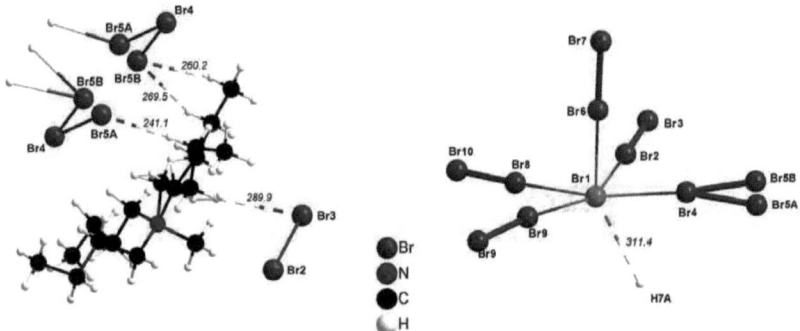

**Abbildung 38.** *links:* kürzeste Br···H–C Abstände in [(*n*-Bu)$_3$MeN]$_2$[Br$_{20}$]; *rechts*: Darstellung der freien Koordinationsstelle der quadratischen [Br(Br$_2$)$_5$]$^-$-Pyramide.

Wie bereits angesprochen, kann die Struktur von [(*n*-Bu)$_3$MeN]$_2$[Br$_{20}$] ausgehend von verzerrten quadratischen Pyramiden der formalen Zusammensetzung [Br(Br$_2$)$_5$]$^-$ beschrieben werden (Abbildung 35). Eine solche Koordination ist bei Polybromiden bisher nicht bekannt und ist selbst bei den für ihre Strukturvielfalt bekannten Polyiodiden nur selten beobachtet worden [142,182]. Die Verzerrung wird hierbei zum einen von den verschiedenen Br$^-$–(Br$_2$)

Abständen verursacht und wird darüber hinaus durch die Tatsache beeinflusst, dass die Verknüpfung der zentralen Bromid-Anionen sowohl ein als auch zwei Br$_2$-Moleküle involviert.

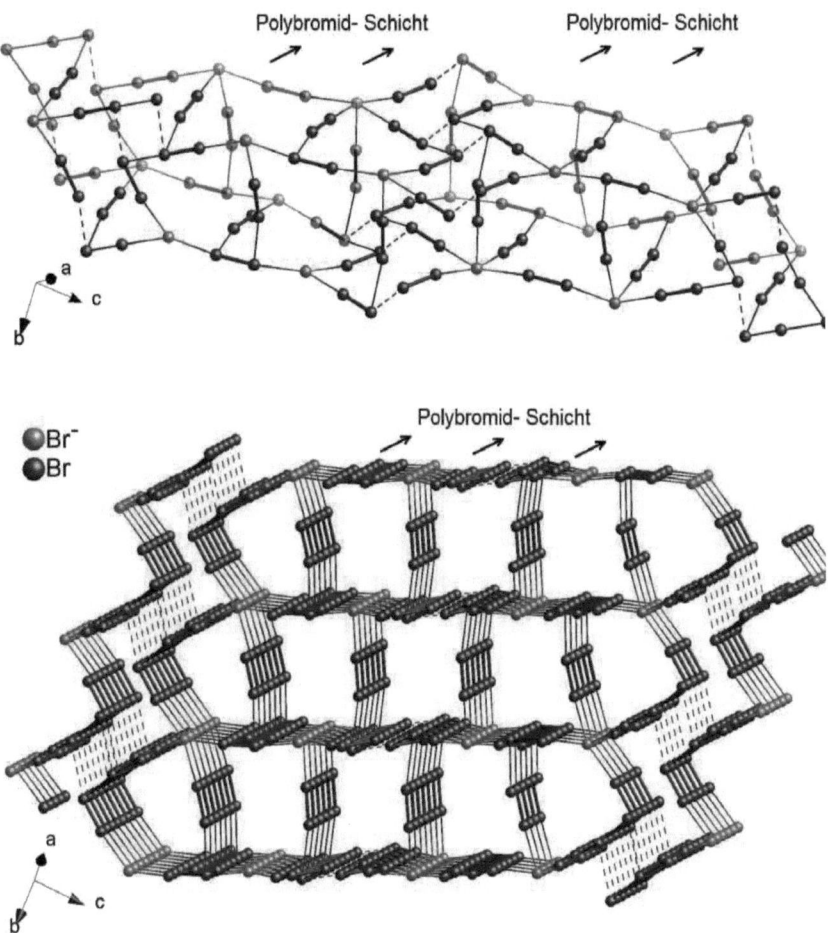

**Abbildung 39.** Darstellung des schichtartigen Polybromid-Netzwerkes in [($n$-Bu)$_3$MeN]$_2$[Br$_{20}$] aufgebaut aus [(Br$^-$)$_2$(Br$_2$)$_4$]-Rauten und [(Br$^-$)$_3$(Br$_2$)$_4$(Br$_2$)$_{1/2}$]-Sesseln.

Ein Querschnitt durch das Polybromid-Netzwerk zeigt die Möglichkeit einer alternativen Strukturbeschreibung. Hierbei erfolgt eine Stapelung der entlang [110] orientierten

Polybromid-Schichten über Br–Br-Wechselwirkungen von 365 pm in Richtung [001]. Weiterhin setzen sich diese Schichten aus [(Br$^-$)$_3$(Br$_2$)$_4$(Br$_2$)$_{1/2}$]-Sesseln und [(Br$^-$)$_2$(Br$_2$)$_4$]-Rauten zusammen, die untereinander durch Ecken- und Seitenverknüpfung verbunden sind (Abbildung 39).

Abschließend muss die Frage geklärt werden, warum bei der hier besprochenen Umsetzung [(n-Bu)$_3$MeN]$_2$[Br$_{20}$] und keine Verbindung der Zusammensetzung [(Ph)$_2$P(PhBr)Br$^+$]$_n$[Br$_x$$^{n-}$] kristallisiert ist. Hierbei kann der Bildungsmechanismus folgendermaßen erklärt werden: Ausgehend von einer heterolytischen Spaltung von Br$_2$ werden sowohl (Ph)$_2$P(PhBr)-Moleküle zu [(Ph)$_2$P(PhBr)Br]$^+$-Kationen bromiert als auch Bromid-Anionen gebildet. Diese Reaktion ist essentiell, da ohne Bromid-Anionen kein Polybromid entstehen kann. Dass die Kristallisation mit dem schwach koordinierenden Kation [(n-Bu)$_3$MeN]$^+$ favorisiert wird, kann mehrere Gründe haben: Mit der erheblich höheren Konzentration der Ionischen Flüssigkeit im Vergleich zu dem Triphenylphosphan-Derivat und der starken Involvierung des Kations [(n-Bu)$_3$MeN]$^+$ in das Polybromid-Netzwerkes durch Wasserstoffbrücken-Bindungen seien nur zwei besonders naheliegende genannt. In Anbetracht der Existenz von [(n-Bu)$_3$MeN]$_3$[Bi$_3$I$_{12}$] und der beiden Modifikationen von [(n-Bu)$_3$MeN](GeI$_4$)I ist die Titelverbindung nicht das erste Beispiel dafür, dass eine Kristallisation mit dem unsymmetrisch substituierten Kation der Ionischen Flüssigkeit [(n-Bu)$_3$MeN]$^+$ favorisiert wird [77,79]. Im Hinblick auf die Gitterenergie wären in beiden Fällen eine Kristallisation mit den Kationen der Reaktanden K$^+$ bzw. [(n-Bu)$_4$N]$^+$ zu erwarten gewesen.

Ein Foto der geschmolzenen [(n-Bu)$_3$MeN]$_2$[Br$_{20}$] Kristalle bei Raumtemperatur lässt eine merkliche Brom-Dampfphase erkennen (Abbildung 40). Im Hinblick auf die chemische Verwandtschaft von [(n-Bu)$_3$MeN]$_2$[Br$_{20}$] mit der im folgenden Kapitel diskutierten Verbindung [C$_4$MPyr]$_2$[Br$_{20}$] liegen thermogravimetrische Untersuchungen nahe. Thermogravimetrie und Differenzthermoanalyse wurden unter trockener Stickstoffatmosphäre durchgeführt. Die Einwaage von 20 mg Substanz in einen Korund-Tiegel erfolgte unter einem trockenen, gekühlten Stickstoffstrom. Anschließend wurde unter einer trockenen Stickstoff-Atmosphäre mit einer Rate von 10 °C min$^{-1}$ von Raumtemperatur auf +700 °C erhitzt. Nach dem Erhitzen blieben geringe Mengen an schwarzem Kohlenstoff im Tiegel zurück.

Die thermische Zersetzung von [(n-Bu)$_3$MeN]$_2$[Br$_{20}$] verläuft über drei Stufen und ist bei ca. 340 °C abgeschlossen: a) 40–200 °C (40,0 %) b) 200–220 °C (24,0 %) c) 220–340 °C

(30,6 %). Obgleich sicherlich mehrere Reaktionen zeitgleich ablaufen (z. B. Verdampfen von Brom und Bromwasserstoff, radikalische Bromierung, Fragmentierung von [(n-Bu)$_3$MeN]$^+$), kann die Zersetzung folgendermaßen erklärt werden: a) $-5Br_2$ (berechnet: 40,0 %; experimentell: 40,0 %;), b) $-6HBr$ (berechnet: 24,3 %; experimentell: 24,0 %), c) $-2NMeBu(BuBr)_2$ (berechnet: 35,7 %; experimentell: 30,6 %). Die Abweichungen zwischen erwarteten und gemessenen Werten bei der letzten Zersetzungsstufe sind auf den verbleibenden Kohlenstoff-Rückstand zurück zu führen. Im Bereich zwischen 40 °C und 200 °C wird eine kontinuierliche Abgabe elementaren Broms beobachtet, was angesichts des Siedepunkts von Brom von 59 °C und des Dampfdrucks von $2,2 \cdot 10^4$ Pa (bei 293 K) überraschend langsam stattfindet [187].

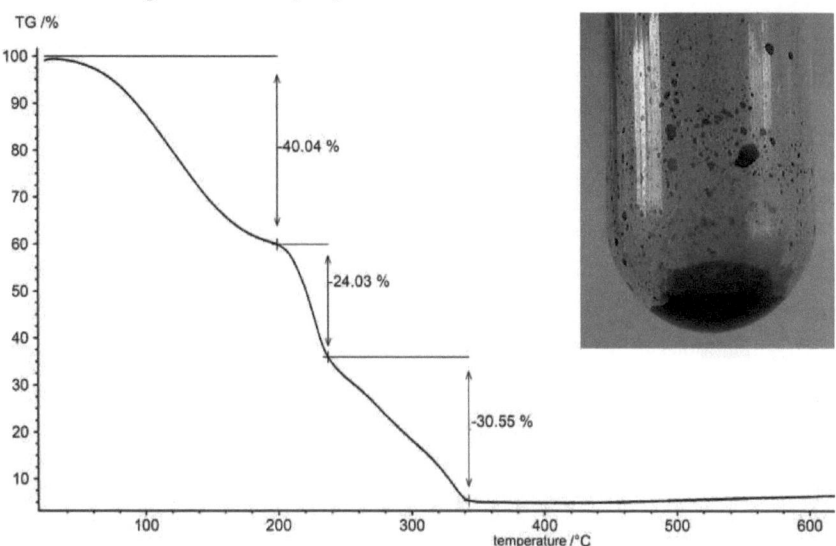

**Abbildung 40.** Foto bei +27 °C und Thermogravimetrie von [(n-Bu)$_3$MeN]$_2$[Br$_{20}$], die einen dreistufigen Gewichtsverlust zwischen +40 ° und +340 °C zeigt.

### 3.3.5 Synthese und Charakterisierung von [C$_4$MPyr]$_2$[Br$_{20}$]

Durch Zugabe von Br$_2$ im Überschuss (0,33 ml, 5 eq) zu einem eutektischen, äquimolaren Gemisch der Ionischen Flüssigkeiten [C$_{10}$MPyr]Br (400 mg, 1 eq) und [C$_4$MPyr]OTf (380,4 mg, 1 eq) wurde eine hellrote Lösung erhalten. Abkühlen von Raumtemperatur auf – 15 °C führte sowohl zum Ausfallen der Titelverbindung als auch zur partiellen Kristallisation der Ionischen Flüssigkeiten. Oberhalb von +10 °C löst sich die Titelverbindung vollständig. Tiefrote, stark aneinander haftende Kristalle wurden durch langsames Auftauen dieser Mischung auf +5 °C erhalten. Wie sich bei der Probenpräparation herausgestellt hat, sind die roten Kristalle der Titelverbindung äußerst luft- und feuchtigkeitsempfindlich. Unter einem gekühlten Stickstoffstrom und in einem Temperaturbereich von –20 bis –15 °C (Abbildung 4) wurde ein geeigneter Einkristall selektiert und mittels Perfluoropolyalkyletheröl auf der Spitze eines Glasfadens fixiert. [C$_4$MPyr]$_2$[Br$_{20}$] kann insgesamt mit einer hohen Ausbeute von ungefähr 90 % dargestellt werden. Eine Überprüfung der Reinheit mittels Pulverdiffraktometrie war aufgrund des niedrigen Schmelzpunktes der Titelverbindung nicht möglich.

Mit der Verbindung [C$_4$MPyr]$_2$[Br$_{20}$] wird das erste Beispiel für ein dreidimensionales Polybromid-Netzwerk vorgestellt. Gemäß der alternativen Beschreibung [C$_4$MPyr]$_2$[Br$^-$]$_2$·9(Br$_2$), enthält die Titelverbindung die bemerkenswerte Menge von neun Brom-Molekülen pro Formeleinheit und stellt damit, abgesehen vom Element selbst, die bislang bromreichste Verbindung überhaupt dar.

Gemäß Einkristallstrukturanalyse kristallisiert [C$_4$MPyr]$_2$[Br$_{20}$] triklin in der Raumgruppe $P\bar{1}$. Aufgebaut ist die Verbindung aus einem zentralen Bromid-Anion (Br1), welches durch sechs Brom-Moleküle oktaedrisch koordiniert wird (Abbildung 41). Alle zentralen Bromid-Anionen (Br1) sind dabei inversionssymmetrisch. Vier der sechs Br$_2$-Moleküle sind direkte Linker zwischen zwei zentralen Bromid-Anionen. Die beiden verbleibenden Brom-Moleküle (Br3–Br4, Br5–Br6) sind ebenfalls mit Br1 verknüpft. Hier ist jedoch ein längerer Abstand (352 und 358 pm) zu einem zweiten, senkrecht positionierten Brom-Molekül (Br5–Br6, Br7–Br8) involviert. Hieraus resultiert eine Konnektivität über drei (Br1–Br5–Br6···Br7–Br1) beziehungsweise vier (Br1–Br3–Br4···Br6–Br5–Br1) Brom-Atome. Neben der oktaedrischen Br$_2$-Koordination um Br1 ist ein weiteres Brom-Molekül (Br10–Br10) enthalten, das nicht an Br$^-$ koordiniert vorliegt, sondern ausschließlich an Br8 gebunden ist (Abbildung 41).

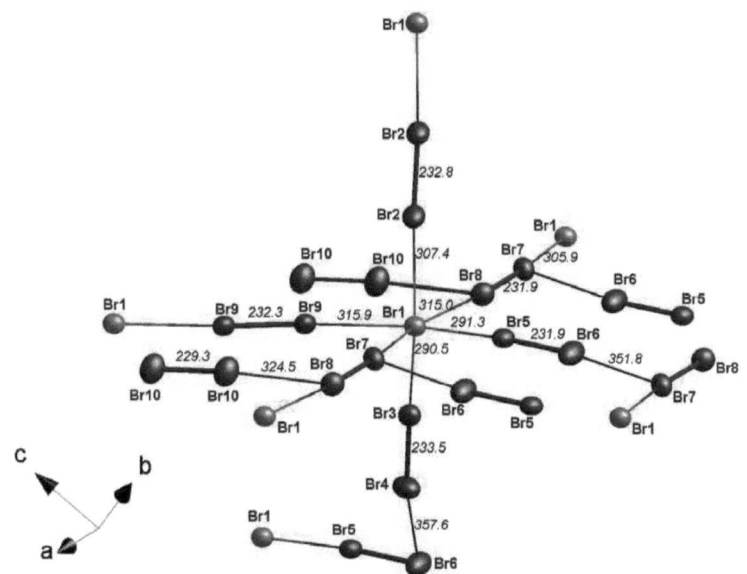

**Abbildung 41.** [C₄MPyr]₂[Br₂₀] mit zentralem Bromid-Anion (Br1, orange) als Netzwerkknoten und daran koordinierten Brom-Molekülen (Br2, dunkelrot) als Linker (alle Br–Br Abstände in pm; alle Auslenkungsellipsoide mit 50 %-Aufenthaltswahrscheinlichkeit).

Insgesamt treten in [C₄MPyr]₂[Br₂₀] drei verschiedene Gruppen an Br–Br-Abständen auf. Die kürzesten Abstände (229–234 pm) finden sich in den Brom-Molekülen und sind gegenüber dem Element im festen Zustand leicht verlängert (227 pm) [102]. Des Weiteren existieren zwischen Brom-Molekülen und Bromid-Anion Abstände im Bereich von 291 bis 316 pm. Schließlich werden längere Abstände von 325 bis 358 pm zwischen verschiedenen Brom-Molekülen beobachtet, die sich jedoch immer noch deutlich unterhalb des doppelten Van-der-Waals-Radius von Brom (370 pm) befinden [187].

Ein Vergleich von [C₄MPyr]₂[Br₂₀] mit den bisher bekannten Polyhalogeniden zeigt, dass eine Beschreibung des Strukturmotivs auf Basis diskreter Teilfragmente nur schwer realisierbar ist. Da der Br⁻–(Br₂)-Abstand zu zwei Brom-Molekülen (im Durchschnitt 291 pm) im Vergleich zu den verbleibenden vier (im Durchschnitt 311 pm) etwa um 5 % kürzer ist, kann die Struktur als ein polymerisiertes, V-förmiges (∠: 102 °) [Br₅]⁻-Anion beschrieben werden, welches ebenfalls bislang nicht beschrieben wurde. Andererseits sind sich die Br–Br-Abstände viel ähnlicher als die intra- und intermolekularen Abstände typischer Polyiodid-Baugruppen $[I_{n+m}]^{m-}$ (mit $n(I^{\pm 0})$ und $m(I^{-1})$) [139]. Somit ist eine Beschreibung von

[C$_4$MPyr]$_2$[Br$_{20}$] als 3D-Netzwerk $^3_\infty$[(Br$^-$)$_2$(Br$_2$)$_9$] wesentlich aussagekräftiger. Dieses neuartige 3D-Netzwerk ist ausschließlich unter Beteiligung von Br–Br-Wechselwirkungen aufgebaut und weist darüber hinaus einen höheren Halogengehalt auf (Br$^{\pm 0}$:Br$^{-I}$ = 18:2 = 9.00) als das Iod-reichste Polyhalogenid Fc$_3$I$_{29}$ (I$^{\pm 0}$:I$^{-I}$ = 26:3 = 8.67, Fc: Ferrocenium) [142]. Vergleicht man die ungewöhnlich hohe Koordination des zentralen Bromid-Anions durch Brom-Moleküle, stellt man fest, dass selbst bei den zahlreichen Polyiodid-Strukturen, die in den letzten Jahrzenten diskutiert wurden, bislang kein vergleichbares Strukturmotiv beschrieben wurde.

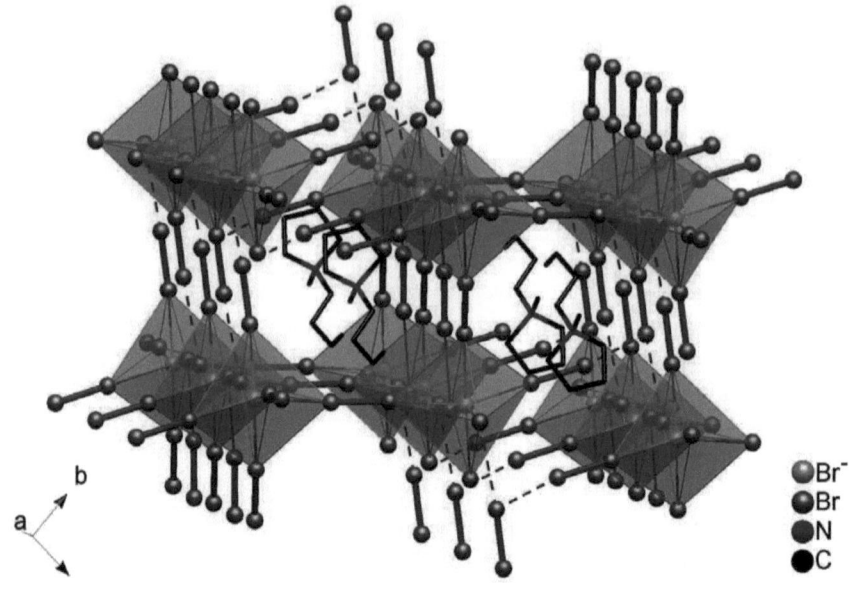

**Abbildung 42.** $^3_\infty$[(Br$^-$)$_2$(Br$_2$)$_4$(2Br$_2$)$_2$(Br$_2$)]-Netzwerk in [C$_4$MPyr]$_2$[Br$_{20}$], welches durch verzerrte eckenverknüpfte [(Br$^-$)(Br$_2$)$_4$(2Br$_2$)$_2$]$^-$-Oktaeder (hellrote Koordinationspolyeder) aufgebaut wird. Das zentrale Bromid-Anion (Br1) als Netzwerkknoten ist über Brom-Moleküle (dunkelrot mit dicker Linie) verknüpft. Das [C$_4$MPyr]$^+$-Kation fungiert hierbei als Templat und befindet sich in den Lücken des 3D-Polybromid-Netzwerkes.

Strukturell kann das Brom-Netzwerk in [C$_4$MPyr]$_2$[Br$_{20}$] formal auf verzerrte, eckenverknüpfte [(Br$^-$)(Br$_2$)$_4$(2Br$_2$)$_2$]$^-$-Oktaeder zurückgeführt werden (Abbildung 42). Die Verzerrung resultiert hierbei sowohl aus den unterschiedlichen Br$^-$–(Br$_2$)-Abständen als auch der Tatsache, dass die Verknüpfung des zentralen Bromid-Anions in vier Fällen über ein Brom-Molekül und in zwei Fällen über zwei Brom-Moleküle erfolgt. Das neunte Brom-

Molekül (Br10–Br10) ist nicht an Br1 gebunden. Insgesamt entsteht ein $^3_\infty[(Br^-)_2(Br_2)_4(2Br_2)_2(Br_2)]$-Netzwerk, welches das $[C_4MPyr]^+$-Kation als Templat enthält.

Die kürzesten Br⋯H–C Abstände zwischen Brom und dem Kation $[C_4MPyr]^+$ in $[C_4MPyr]_2[Br_{20}]$ werden mit 292 und 300 pm zu Br9 und Br10 beobachtet. Alle weiteren Br⋯H–C Abstände sind deutlich länger. Die Werte liegen damit oberhalb des Bereichs von Brom-Wasserstoff-Brückenbindungen (240–290 pm), weswegen ein signifikanter Einfluss auf die Bindungssituation des Anionen-Netzwerks demnach ausgeschlossen werden kann [175,180,181]. Allerdings muss die langreichweitige Madelung-Ladungswechselwirkung zwischen $[C_4MPyr]^+$ und dem Anionennetzwerk als wichtiger Beitrag zur Stabilität des 3D-Polybromids angesehen werden. Die erhöhten Temperaturfaktoren weisen auf eine Fehlordnung des Kations $[C_4MPyr]^+$ hin. Dies betrifft im Wesentlichen das terminale C-Atom der Butyl-Gruppe. Solch eine Fehlordnung und ihre Beschreibung durch Split-Atomlagen sind bekannt [139]. Da sie jedoch im Vergleich zu vielen anderen Verbindungen weitaus geringer ausgeprägt ist, wurde hier auf die Einführung von Split-Atomlagen verzichtet.

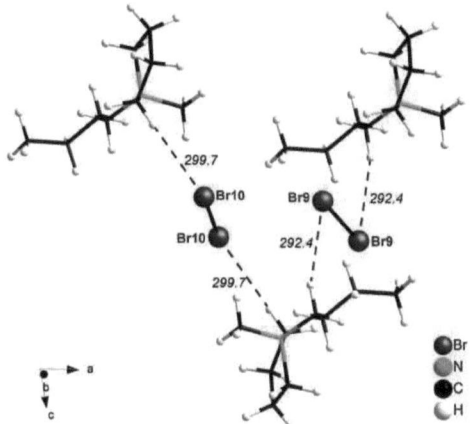

**Abbildung 43.** Gezeigt sind die kürzesten Br⋯H-C Abstände zwischen Brom und dem Kation $[C_4MPyr]^+$ in $[C_4MPyr]_2[Br_{20}]$.

Interessanterweise kann die Struktur von $[C_4MPyr]_2[Br_{20}]$ stark vereinfacht als verzerrter CsCl-Typ beschrieben werden (Abbildung 42). Dies wird deutlich, wenn lediglich das zentrale Bromid-Anion und das positiv geladene Stickstoff-Atom des Kations betrachtet werden. Mit dieser Sichtweise fungiert Br⁻ wiederum als Netzwerkknoten, welcher durch Br$_2$-Linker verknüpft wird.

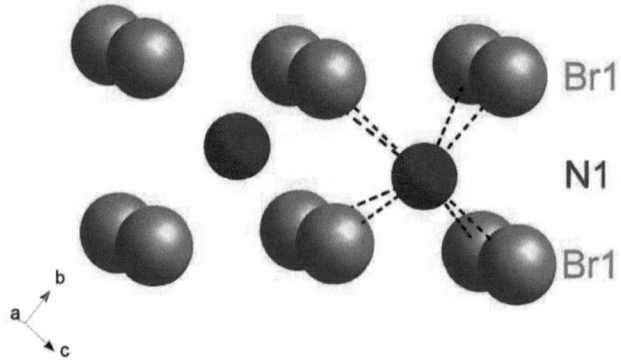

**Abbildung 44.** Betrachtet man vereinfacht nur die zentralen Bromid-Anionen (Br1) und Stickstoff (N1) als Zentrum des Kations zeigt sich die enge Verwandtschaft mit einem verzerrten CsCl-Strukturtyp.

Die hier beschriebene Verbindung [C$_4$MPyr]$_2$[Br$_{20}$] enthält das erste 3D-Polybromid-Netzwerk, das ausschließlich durch Wechselwirkungen zwischen Brom-Atomen aufgebaut ist. Zwar ist [TtddBr$_2$]$^{2+}$[(Br⁻)$_2$(Br$_2$)$_3$] das bislang einzige beschriebene Beispiel eines unendlichen 2D-Polybromid-Netzwerkes, an dem keine anderen Elemente als Brom beteiligt sind, eine gewisse Stabilisierung liegt jedoch in Form von Wechselwirkungen mit Schwefel- und Wasserstoffatomen des Kations vor [154].

Die bereits diskutierte Dampdruckerniedrigung von Brom im Eutektikum [C$_{10}$MPyr]Br/[C$_4$MPyr]OTf lässt sich qualitativ durch Betrachten der Gasphase oberhalb der geschmolzenen [C$_4$MPyr]$_2$[Br$_{20}$]-Kristalle bei Raumtemperatur erkennen (Abbildung 45). Im Gegensatz zum reinen Element aber auch zu [(n-Bu)$_3$MeN]$_2$[Br$_{20}$] (Kapitel 3.3.4) ist die charakteristische tiefbraune Farbe des elementaren Broms in der Gasphase hier nicht zu erkennen. Dieser Befund steht im Einklang mit dem häufig diskutierten niedrigen Dampfdruck und der hohen Löslichkeit von Gasen in Ionischen Flüssigkeiten [183,184].

Thermogravimetrische Untersuchungen erlauben schließlich eine Quantifizierung der thermischen Zersetzung (Abbildung 45). Die Einwaage von 20 mg Substanz in einen Korund-Tiegel erfolgte unter einem trockenen, gekühlten Stickstoffstrom. Anschließend wurde unter trockener Stickstoffatmosphäre mit einer Rate von 10 °C min$^{-1}$ von Raumtemperatur auf +700 °C erhitzt. Nach dem Erhitzen blieben geringe Mengen an schwarzem Kohlenstoff im Tiegel zurück.

Demzufolge zersetzt sich [C$_4$MPyr]$_2$[Br$_{20}$] in vier Stufen: a) 60–190 °C (16,7 %); b) 190–290 °C (28,1 %); c) 290–420 °C (23,7 %); d) 420–550 °C (25,1 %). Obwohl sicherlich mehrere Reaktionen zeitgleich ablaufen (z. B. Verdampfen von Brom und Bromwasserstoff, radikalische Bromierung, Fragmentierung von [C$_4$MPyr]$^+$), kann die Zersetzung wie folgt erklärt werden: a) −2 Br$_2$ (exp. 17,0 %); b) −7 HBr (exp. 30,0 %); c) −2 C$_3$H$_6$Br$_2$ (exp. 21,4 %); d) −C$_6$H$_{10}$NBr$_3$/C$_6$H$_{11}$NBr$_2$ (exp. 31,5 %). Die insgesamt gute Übereinstimmung von erwarteten und experimentellen Daten bestätigt zudem die Phasenreinheit der Titelverbindung.

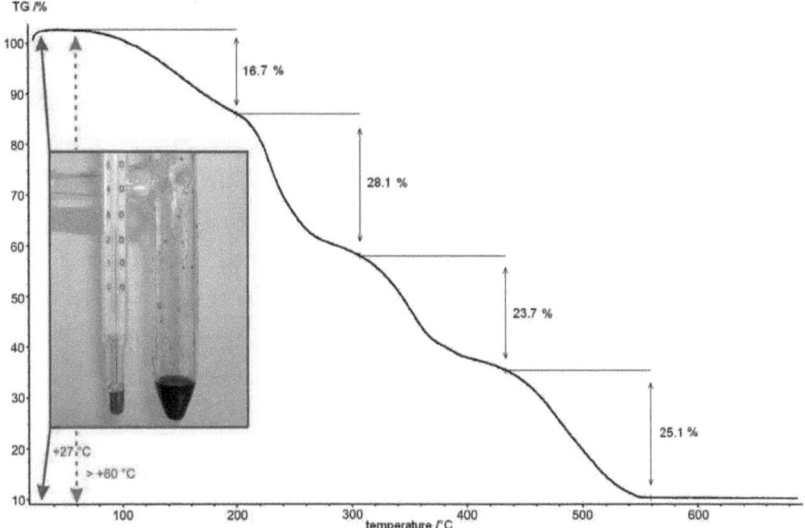

**Abbildung 45.** Foto von [C$_4$MPyr]$_2$[Br$_{20}$] in flüssiger Form bei 27 °C und Thermogravimetrie der reinen Titelverbindung, die einen vierstufigen Gewichtsverlust zwischen 60 und 560 °C zeigt.

Bis zu einer Temperatur von 60 °C ist keinerlei Verdampfung von Brom zu beobachten. Diese geringe Neigung zur Brom-Abgabe stellt einen entscheidenden Schlüsselfaktor zur erfolgreichen Synthese des 3D-Polybromid-Netzwerkes [C$_4$MPyr]$_2$[Br$_{20}$] dar und steht damit im Gegensatz zur thermogravimetrischen Untersuchung des 2D-Polybromid-Netzwerkes [(n-Bu)$_3$MeN]$_2$[Br$_{20}$] (Abbildung 40). Wie aus dem geringeren Vernetzungsgrad zu erwarten ist, erfolgt die Brom-Abgabe hier deutlich schneller ab einer Temperatur von ca. 40 °C.

Aus der verhältnismäßig langsamen Brom-Abgabe der geschmolzenen [C$_4$MPyr]$_2$[Br$_{20}$] Kristalle unter Temperatureinwirkung lässt sich auf eine gewisse Stabilisierung der Verbindung im flüssigen Aggregatszustand schließen. Es ist beschrieben worden, dass eine Bildung von Polybromid-Anionen nicht nur im Festkörper, sondern auch in Suspensionen und Lösungen stattfindet [159]. Im Hinblick auf die dreidimensionale Vernetzung von [C$_4$MPyr]$_2$[Br$_{20}$] im Festkörper könnte eine intermediäre Bildung der Verbindung in Lösung unter Stabilisierung durch weitreichende intermolekulare Wechselwirkungen angenommen werden. Mit Hilfe der Raman-Spektroskopie soll daher die Schmelze der Titelverbindung charakterisiert werden. Hierbei werden insgesamt drei Banden beobachtet: eine starke bei 268 cm$^{-1}$ und zwei schwächere bei 71 und 2962 cm$^{-1}$. Banden für Br–Br-Schwingungen werden aufgrund der hohen Atommasse von Brom bei niedrigen Wellenzahlen erwartet. Raman-spektroskopische Untersuchungen an [Br$_4$]$^{2-}$ (167, 74 cm$^{-1}$) bestätigen dies [153]. Weiterhin werden bei Tetraethylammonium-Polybromiden der postulierten allgemeinen Summenformel [Et$_4$N][Br$_{2x+1}$] (x = 1–4) eine kontinuierliche Bandenverschiebung zu größeren Wellenzahlen mit steigendem Brom-Gehalt beobachtet (x = 1: 163, 198 cm$^{-1}$; x = 2: 210, 253, x = 3: 270 cm$^{-1}$, x = 4: 257, 276 cm$^{-1}$). Niederfrequente Banden unterhalb 100 cm$^{-1}$ sind nach Aussagen der Autoren nicht relevant und werden daher nicht diskutiert [185]. Für elementares Brom wird eine Bande bei 317 cm$^{-1}$ erwartet [186]. Mit diesen Hintergrundinformationen ist in Bezug auf das Polybromidnetzwerk in [C$_4$MPyr]$_2$[Br$_{20}$] lediglich die breite Bande mit dem Maximum bei 268 cm$^{-1}$ relevant. Wie eine Vergrößerung dieses Bereiches erkennen lässt, ist dieser bei ca. 160 cm$^{-1}$ eine Schulter sehr schwacher Intensität vorgelagert. Eine genaue Aussage dazu, um welche Schwingungen es sich im Einzelnen handelt, ist an dieser Stelle nicht möglich. Allerdings zeigt [C$_4$MPyr]$_2$[Br$_{20}$] einen zu den Brom-reicheren Tetraethylammonium-Polybromiden vergleichbaren Wellenzahlenbereich. Darüber hinaus wird ein signifikanter Unterschied zu der Br–Br-Schwingung in elementarem Brom beobachtet. Als qualitatives Resultat lässt sich daher festhalten, dass Br$_2$-Moleküle in [C$_4$MPyr]$_2$[Br$_{20}$] im flüssigen Aggregatszustand nicht isoliert vorliegen, sondern eine gewisse Wechselwirkung durch andere Br$_2$-Molekülen und Br$^-$-Anionen verspüren.

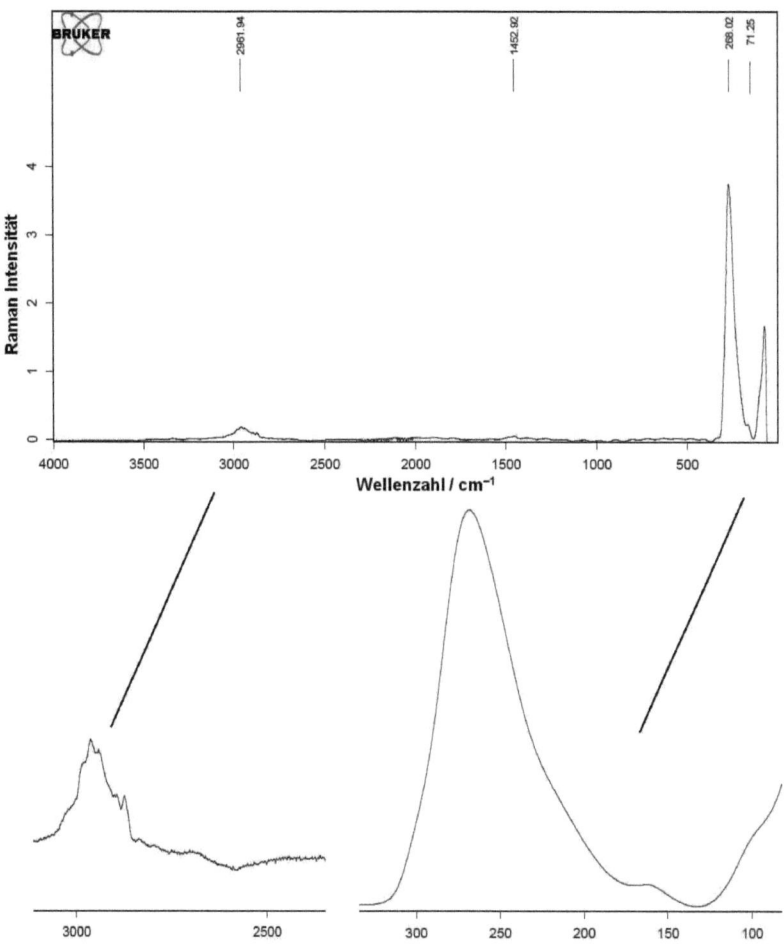

**Abbildung 46.** Raman-Spektrum von $[C_4MPyr]_2[Br_{20}]$ bei Raumtemperatur.

### 3.3.6 Synthese und Kristallstruktur von $[(Ph)_3PCl]_2[Cl_2I_{14}]$

Bei der vergleichenden Gegenüberstellung von Brom und Iodmonochlorid fällt eine gewisse chemische und physikalische Verwandtschaft auf (Tabelle 4). Ausgehend von der in Kapitel 3.3.2 beschriebenen Umsetzung von Triphenylphosphan mit Brom und des resultierenden Polybromids $[(Ph)_3PBr][Br_7]$ soll im Folgenden das Reaktionsverhalten bei einer analogen Umsetzung mit Iodmonochlorid untersucht werden.

**Tabelle 4.** Chemische und physikalische Eigenschaften von Brom und Iodmonochlorid. Die Daten sind der GESTIS-Stoffdatenbank des IFA entnommen [187].

|  | $Br_2$ | ICl |
|---|---|---|
| Farbe (flüssig) | dunkelrot | rotbraun |
| Farbe (fest) | metallisch | schwarz (dunkelrot bei Lichttransmission) |
| $M\ /g \cdot mol^{-1}$ | 159,81 | 162,36 |
| $n(e^-)$ | 70 | 70 |
| $\rho\ /g \cdot cm^{-3}$ | 3,1 | 3,1 |
| $\sum r_{vdW}\ /pm$ | 370 | 373 |
| $d\ /pm$ | 227 (fest) | 232 |
| $T_M\ /°C$ | –7 | 14 (α-Form) / 27 (β-Form) |
| $T_S\ /°C$ | 59 | 97 |
| $\Delta EN$ | 0 | 0,5 |

Bringt man bei Raumtemperatur $(Ph)_3P$ (100 mg, 1 eq) mit einem Überschuss ICl (247,6 mg, 4 eq) in der Ionischen Flüssigkeit [C$_4$MPyr]OTf (0,5 mL) zur Reaktion, wird zunächst eine rotbraune Lösung erhalten. Langsames Abkühlen auf +6 °C resultiert in der Bildung dunkelroter, plättchenförmiger Kristalle, welche sich ab einer Temperatur von ca. 15 °C unter Rekristallisation von Triphenylphosphan wieder Auflösen. Die Selektion eines geeigneten Einkristalls muss daher unter Zuhilfenahme der in Kapitel 2.4.1 beschrieben Vorrichtung bei einer Temperatur von ca. –20 °C erfolgen. Die Ausbeute beträgt ungefähr 25%.

Die Auswertung der Röntgenstrukturanalyse am Einkristall ergibt, dass die Titelverbindung die Zusammensetzung [(Ph)$_3$PCl]$_2$[Cl$_2$I$_{14}$] aufweist und in der monoklinen Raumgruppe $P2_1/c$ kristallisiert. In der Struktur finden sich Iod-Moleküle und Chlorid-Anionen. Wie durch Abbildung 47 verdeutlicht wird, stellen die Chlorid-Anionen ähnlich zu den Bromid-Anionen in [C$_4$MPyr]$_2$[Br$_{20}$] und [($n$-Bu)$_3$MeN]$_2$[Br$_{20}$] die zentralen Knotenpunkte der netzwerkartigen Struktur dar. Verknüpft werden sie jeweils durch fünf quadratisch-pyramidal angeordnete Iod-Moleküle, wobei dies in vier Richtungen in direkter Weise nach dem Schema Cl$^-$···I–I···Cl$^-$ erfolgt. Das verbleibende Iod-Molekül – sozusagen die Pyramidenspitze – ist fehlgeordnet (I5$_{A/B}$–I6$_{A/B}$) und über eines der senkrecht orientierten Iod-Moleküle der nächsten Schicht mit dessen Chlorid-Zentrum verbunden. Neben dieser ungewöhnlichen quadratisch-pyramidalen I$_2$-Koordination um die zentralen Chlorid-Anionen ist ein weiteres Iod-Molekül (I7–I7) an I1 koordiniert.

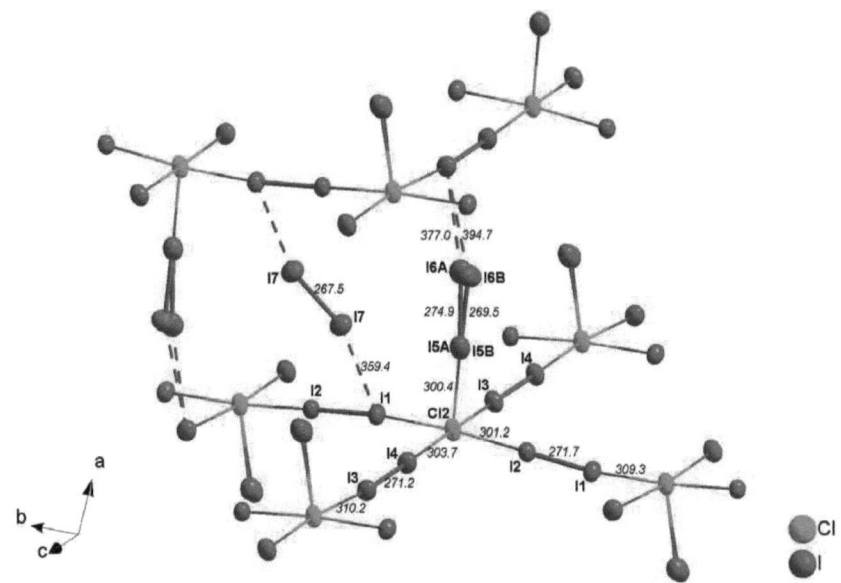

**Abbildung 47.** [(Ph)$_3$PCl]$_2$[Cl$_2$I$_{14}$] mit Verknüpfung der zentralem Chlorid-Anionen (Cl2, grün) über koordinierte Iod-Molekülen (I$_2$, orange) (Bindungslängen in pm; Auslenkungsellipsoide mit 50 %-Aufenthaltswahrscheinlichkeit).

Eine Klassifizierung nach der für Polyiodide üblichen Herangehensweise ist für dieses Polyhalogenid trotz seines hohen Iod-Anteils komplex. Die genauere Betrachtung der Bindungssituation zwischen Iod- und Chlor-Atomen macht klar, dass sowohl eine Beschreibung durch Teilfragmente als auch die zuvor eingeführte formale Vereinfachung basierend auf Chlorid-Anionen und Iod-Molekülen unzureichend sind. Zwischen Iod- und Chlor-Atomen werden einheitliche Abstände im Bereich von 300 bis 310 pm beobachtet, welche somit im Zwischenbereich einer kovalenten I–Cl-Bindung mit 232 pm und der Summe der Van-der-Waals Radien mit 373 pm liegen (Tabelle 4). Des Weiteren sind Wechselwirkungen zwischen den Iod-Molekülen I1···I7 (359 pm) und I6A···I3 (377 pm) bzw. I6B···I3 (394 pm) zu nennen. Beide stellen eine Verknüpfung der Schichten entlang [100] dar. Allerdings spielt nur die Konnektivität I1···I7–I7···I1 eine tragende Rolle bei der Frage, ob das Polyhalogenid-Netzwerk einen zwei- oder dreidimensionalen Charakter besitzt. 359 pm ist für einen Abstand I–I···I–I vergleichsweise kurz und im Gegensatz zu den typischerweise diskutierten Werten für intermolekulare Iod-Iod-Wechselwirkungen (360 – 420 pm) und dem doppelten Van-der-Waals-Radius von Iod (430 pm) als starke Van-der-Waals-Bindung einzustufen [139,142,143,187]. Deutlich schwächer ist hingegen die Wechselwirkung, welche von dem fehlgeordneten Iod-Atom I6 ausgeht (I6A···I3: 377 pm und I6B···I3: 394 pm). Eine Vernetzung des Polyhalogenids in alle drei Raumrichtungen besteht jedoch auch ohne Einbeziehung der Abstände I6A···I3 und I6B···I3.

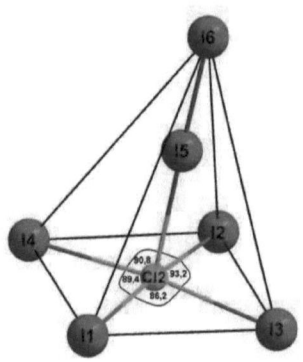 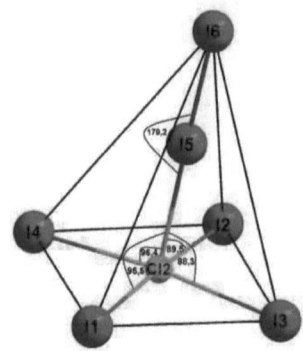 

**Abbildung 48.** Darstellung der [(I$_2$)Cl(I$_{2/2}$)$_4$]-Pyramiden und der äquatorialen (links) und vertikalen (rechts) Bindungswinkel. Die Fehlordnung der Iod-Atome I5 und I6 wurde aus Gründen der Übersichtlichkeit nicht dargestellt.

Eine alternative Strukturbeschreibung geht von eckenverknüpften, quadratischen [(I$_2$)Cl(I$_{2/2}$)$_4$]-Pyramiden aus (Abbildung 48). Die Einbeziehung von I6 in die Koordinationssphäre von Cl2 ist zwar chemisch betrachtet nicht richtig, verdeutlicht jedoch dass das I$_2$-Molekül I5–I6 abgesehen von der schwachen Verknüpfung zur nächsten Schicht eigentlich als terminale Baugruppe zu betrachten ist. Die schichtartige Verknüpfung der äquatorialen, eckenverknüpften I2–Moleküle entlang [011] wird allerdings durch eine Darstellung von [Cl(I$_{2/2}$)$_5$]-Pyramiden in einer 2x2-Superzelle besser erkennbar (Abbildung 49). Hierbei sind die Pyramidenspitzen (I5–I6) alternierend in Richtung [100] und [$\overline{1}$00] orientiert und beeinflussen durch langreichweitige Iod-Iod-Wechselwirkungen ausgehend von dem terminalen Iod-Atom I6 positiv den Zusammenhalt der Schichten. Erst durch das deutlich stärker gebundene Iod-Molekül I7–I7 wird allerdings das Kriterium für eine dreidimensionale Vernetzung erfüllt. Es verbindet zwei Moleküle I1–I2 aus verschiedenen Schichten in einer Z-förmigen Anordnung dahingehend miteinander, dass die nächste Schicht nicht deckungsgleich, sondern um ungefähr einen Cl–I-Abstand (ca. 300 pm) in [001] bzw. [00$\overline{1}$] versetzt ausgerichtet ist (Abbildung 47).

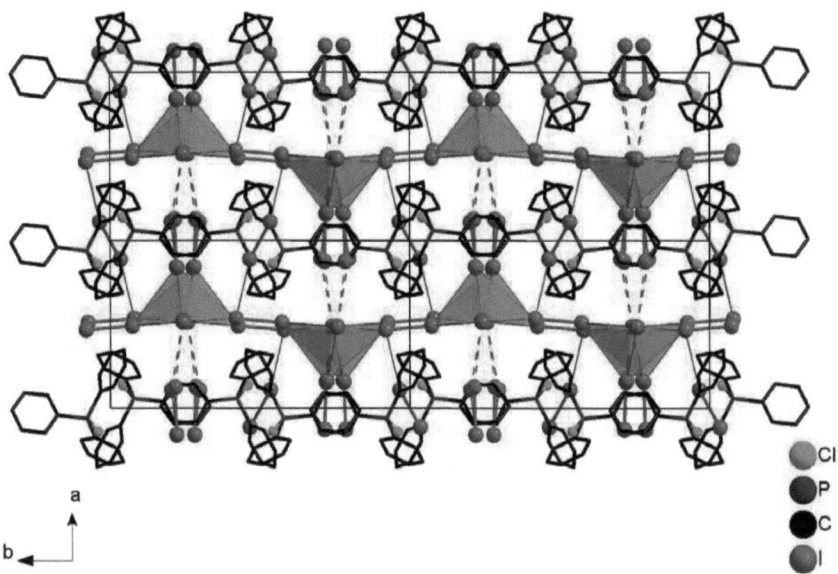

**Abbildung 49.** 2x2-Superzelle von [(Ph)$_3$PCl]$_2$[Cl$_2$I$_{14}$] mit Blickrichtung entlang der c-Achse.

Der Vergleich der beobachteten Cl–I-Bindungslängen mit Cl–I–I-Fragmenten vergleichbarer Polyhalogenid-Systeme liefert zwei unterschiedliche Gruppen von Cl–I-Bindungen. Bei Verbindungen mit isolierten Trihalogenid-Anionen [Cl–I–I]$^-$ ist die Cl–I-Bindung mit 274 pm verhältnismäßig stark [188]. Ist eine unendliche eindimensionale Verknüpfung mit weiteren [Cl–I–I]$^-$-Einheiten involviert, wird eine Schwächung der Cl–I-Bindung des [Cl–I–I]$^-$-Anions um ca. 11 % beobachtet (304 pm) [189]. Überraschenderweise ist hier der Abstand zwischen zwei [Cl–I–I]$^-$-Einheiten mit 316 pm nur unwesentlich größer als der intramolekulare I–Cl-Abstand. Wie am Beispiel [Cl–I–I–Cl]$^{2-}$ zu sehen ist, kann eine Schwächung der Cl–I-Bindung (Cl–I: 307 pm) auch von starken Wasserstoffbrücken (Cl···H: 225 und 273 pm; I···H: 212 und 235 pm) ausgehen [190]. In [(Ph)$_3$PCl]$_2$[Cl$_2$I$_{14}$] wird eine Cl–I-Bindung jeweils durch vier andere beeinflusst. Unter diesem Gesichtspunkt sind die Cl–I-Bindungen der Titelverbindung mit 300 bis 310 pm tendenziell noch etwas stärker als erwartet.

Unabhängig davon ob Chlor oder Iod das Zentralatom ist, werden bei literaturbekannten Polyhalogeniden meist lineare (z. B. [Cl–I–I]$^-$) und gewinkelte [z.B. [Cl–I–Cl–I–Cl]$^-$), selten quadratisch planare ([ICl$_4$]$^-$) Koordinationssphären beobachtet [110,167,169]. Eine Koordinationszahl >4 ist bislang nicht beschrieben worden. Mit den kleinen intramolekularen Koordinationszahlen gehen unweigerlich weniger Kontaktstellen für intermolekulare

Wechselwirkungen und damit ein niedrigerer Vernetzungsgrad einher. Bis(1,10-phenanthrolin-1-ium)chlorodiiodid(–I)dichloroiodid(–I) stellt nach bestem Wissen das bislang einzige Polyhalogenid im System Iod/Chlor dar, bei welchem eine eindimensionale Vernetzung in Form einer $^1_\infty$[(Cl–I–I)$^-$]-Kette auftritt [189]. Es stellt sich daher die Frage welche Faktoren das ungewöhnliche quadratisch-pyramidale Strukturmotiv der Titelverbindung begünstigt haben und warum am zentralen Chlor-Atom eine freie Koordinationsstelle vorhanden ist. Letztere Frage wird bei genauerer Betrachtung der konstruierten Wasserstoff-Atome des Kations beantwortet. Hierbei wird ein verhältnismäßig großer Abstand zu einem Wasserstoff-Atom an der Grundfläche der [(I$_2$)Cl(I$_{2/2}$)$_4$]-Pyramide beobachtet (Cl2$\cdots$H18: 311 pm). An dieser Stelle lässt sich formal eine pseudo-oktaedrische Koordinationssphäre [(I$_2$)Cl(I$_{2/2}$)$_4$(H)$_1$] erkennen. Diese Bezeichnung wurde deshalb gewählt, da zum einen der Cl$\cdots$H-Abstand größer ist als die Summe aus Chlor (175 pm) und Wasserstoff (120 pm) Van-der-Waals-Radius. Weiterhin wird eine deutliche Verzerrung der Oktaeder-Geometrie beobachtet ($\angle$(H–Cl–I): 71.8°–103.3°) und steht damit im Gegensatz zur nur leicht verzerrten quadratisch-pyramidalen Geomtetrie ($\angle$(I–Cl–I): 86.2°–96.5°). Dennoch wird an dieser Stelle eine angemessene Erklärung für die ungewöhnliche Koordinationszahl 5 geliefert, welche selbst bei strukturell sehr vielfältigen Polyiodide nur selten beobachtet wird, namentlich [Fe(phen)$_3$]I$_{12}$ und Fc$_3$I$_{29}$ [142,182].

Im Gegensatz zu den vorgestellten Polybromiden ist ein Bildungsmechanismus von [(Ph)$_3$PCl]$_2$[Cl$_2$I$_{14}$] aus (Ph)$_3$P und ICl nicht auf den ersten Blick ersichtlich. Im Allgemeinen stellt Iodmonochlorid aufgrund seiner polaren Bindung (EN(Cl) – EN(I) = 0.5) eine ausgezeichnetes Quelle für elektrophiles Iod dar und wird daher schon seit langem als Iodierungsmittel in der organischen Synthese eingesetzt [191–193]. In Bezug auf Triphenylphosphan reagiert Iodmonochlorid jedoch entgegen der Erwartungen nicht als Iod- sondern als Chlor-Donor. Es muss weiterhin beachtet werden, dass nicht (I$\cdots$I–Cl)- sondern (I–I$\cdots$Cl)-Einheiten das maßgebliche Strukturmotiv der Titelverbindung sind, was die Bildung elementaren Iods während der Umsetzung nahe legt. Der Bildungsmechanismus lässt sich anhand folgender Teilreaktionen erklären:

$$(Ph)_3P + 2\ ICl \longrightarrow [(Ph)_3PCl]^+ + I^- + ICl \longrightarrow [(Ph)_3PCl]^+ + Cl^- + I_2$$

In ähnlicher Weise wie bei der Bildung von [(Ph)$_3$PBr][Br$_7$] erfolgt die Bildung des Kations [(Ph)$_3$PCl]$^+$ unter heterolytischer Spaltung von ICl. Warum die Bildung bzw. die Kristallisation des Kations [(Ph)$_3$PCl]$^+$ trotz der hohen Elektrophilie des Iod-Atoms in

Iodmonochlorid bevorzugt wird, kann mehrere Ursachen haben. Zum Einen ist anzunehmen, dass der oben beschriebene Mechanismus konzertiert über das Intermediat $(Ph)_3P\cdots Cl–I$ verläuft und nicht über eine vorgelagerte heterolytische Spaltung von ICl in $Cl^+$-Kationen und $I^-$-Anionen. Die Bildung des Kations $[(Ph)_3PI]^+$ über das Intermediat $(Ph)_3P\cdots I–Cl$ wird aufgrund des voluminösen Iod-Atoms kinetisch weniger begünstigt. Weiterhin müssen die Bindungsstärken der P–Cl- und P–I-Bindung berücksichtigt werden. Gemäß der gemessenen und berechneten Dissoziationsenthalpien für die Anionen $[PCl_4]^-$ (exp. (298K): 90 ± 7 kJ mol$^{-1}$; calc. (0 K, B3LYP/6-311+G(d)): 107 kJ mol$^{-1}$) und $[PI_4]^-$ (exp. (298K): 54 ± 8 kJ mol$^{-1}$; calc. (0 K, B3LYP/6-311+G(d)): 102 kJ mol$^{-1}$) ist eine P–Cl-Bindung deutlich stärker als eine P–I-Bindung und wird daher bevorzugt gebildet [194]. Die niedrige Ausbeute legt zum anderen die Möglichkeit nahe, dass tatsächlich beide Reaktionen ablaufen und aufgrund von Packungseffekten und stärkeren Wasserstoff-Brückenbindungen nur Kristalle mit dem Kation $[(Ph)_3PCl]^+$ erhalten werden.

### 3.3.7 Exkurs: Die Bedeutung des Templat-Effektes

Salze mit Tetralkylammonium- und -phosphonium als Kation werden oftmals als Template bei der Synthese meso- und nanoporöser Materialien aber auch Cluster-Verbindungen verwendet [195–198]. Es soll im Folgenden geklärt werden, inwieweit sich der bereits mehrfach angesprochene Templat-Effekt, also der Struktureinfluss basierend auf dem Raumbedarf des Kations, auf die vorgestellten Verbindungen auswirkt.

Da die Kationen $[C_4MPyr]^+$ und $[(n-Bu)_3MeN]^+$ nur bedingt bezüglich sterischer Aspekte vergleichbar sind, soll der folgende Exkurs zeigen, inwieweit sich eine geringfügige Variation der Butylgruppe des Kations $[C_4MPyr]^+$ auf die resultierende Zusammensetzung und Struktur auswirkt. Vorweg muss darauf hingewiesen werden, dass die Auswertung der kristallografischen Daten qualitativ zu betrachten ist und aus Zeitgründen auf eine Reproduktion und Kristallzucht unter verbesserten Reaktionsbedingungen verzichtet werden musste. Einbußen in der Kristallqualität sind darauf zurückzuführen, dass bei Raumtemperatur sowohl die Ionische Flüssigkeit als auch das Produkt in Form eines dunkelroten Feststoffs vorliegen und die Selektion eines Einkristalls daher mittels Skalpell erfolgen muss.

Die Umsetzung erfolgte unter zu Kapitel 3.3.5 analogen Reaktionsbedingungen und einem äquimolaren Gemisches $[C_2MPyr]Br/[C_2MPyr]OTf$ anstelle von $[C_4MPyr]Br/[C_4MPyr]OTf$. Gemäß Röntgenstrukturanalyse am Einkristall ist das Resultat der Umsetzung eine Verbindung der Zusammensetzung $[C_2MPyr]_2[Br_{14}]$. Diese kristallisiert nicht wie

[C$_4$MPyr]$_2$[Br$_{20}$] in der triklinen Raumgruppe P$\overline{1}$, sondern in der relativ hochsymmetrischen orthorhombischen Raumgruppe *Pbca*. Die asymmetrische Einheit ist aus zwei unterschiedlichen Skelettisomeren des [Br$_7$]$^-$-Anions und zwei [C$_2$MPyr]$^+$-Kationen aufgebaut. Hierbei liegt eines der beiden [Br$_7$]$^-$-Anionen in der bereits bei [(Ph)$_3$P][Br$_7$] beobachteten trigonal-pyramidalen Konformation (Kapitel 3.3.2) und das andere in einer planaren T-förmigen Variante vor (Abbildung 50). Mit nur geringfügig größeren Abständen sind die zentralen Bromid-Anionen beider Konformere mit einem weiteren Brom-Molekül verknüpft, weshalb sich in beiden Fällen eine pseudo-tetraedrische (3+1)-Koordination formulieren lässt. Unter Einbeziehung der schwächeren Br–Br-Wechselwirkungen wird die Ausbildung zweier unabhängiger und strukturell unterschiedlicher Schicht-Netzwerke beobachtet (Abbildung 51). Daher wird für die Verbindung im Folgenden die treffendere Bezeichnung [C$_2$MPyr]$_2$[(Br)$_7$(Br)$_7$] gewählt. Zwischen den Brom-Atomen liegt keine einheitliche Bindungssituation vor, so dass hier im Gegensatz zu den anderen Polybromiden keine Einteilung in Bindungs-Gruppen möglich ist. [C$_2$MPyr]$_2$[(Br)$_7$(Br)$_7$] zeigt damit kein Strukturmotiv, welches man aus [C$_4$MPyr]$_2$[Br$_{20}$] ableiten könnte.

Stattdessen ist mit diesem kurzen Abriss zur Kristallstruktur von [C$_2$MPyr]$_2$[(Br)$_7$(Br)$_7$] gezeigt worden, dass die Verwendung des Begriffs "Templat-Effekt" in der Chemie der Polyhalogenide tatsächlich gerechtfertigt ist. Der durch Substitution einer Butyl- durch eine Ethyl-Gruppe geringfügig geänderte Raumbedarf des Pyrrolidinium-Kations reicht aus um eine Verbindung anderer Zusammensetzung und Struktur zu erhalten.

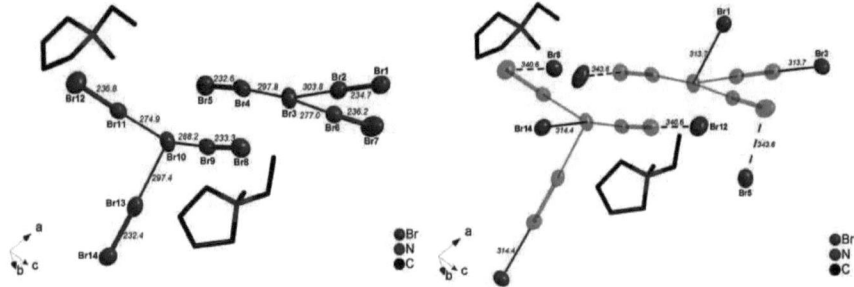

**Abbildung 50.** *links:* Asymmetrische Einheit von [C$_2$Mpyr]$_2$[(Br$_7$)(Br$_7$)]; *rechts*: Asymmetrische Einheit von [C$_2$Mpyr]$_2$[(Br$_7$)(Br$_7$)] mit weiterführender Konnektivität der terminalen Brom-Atome (alle Br–Br Abstände in pm; alle Auslenkungsellipsoide mit 50 %-Aufenthaltswahrscheinlichkeit).

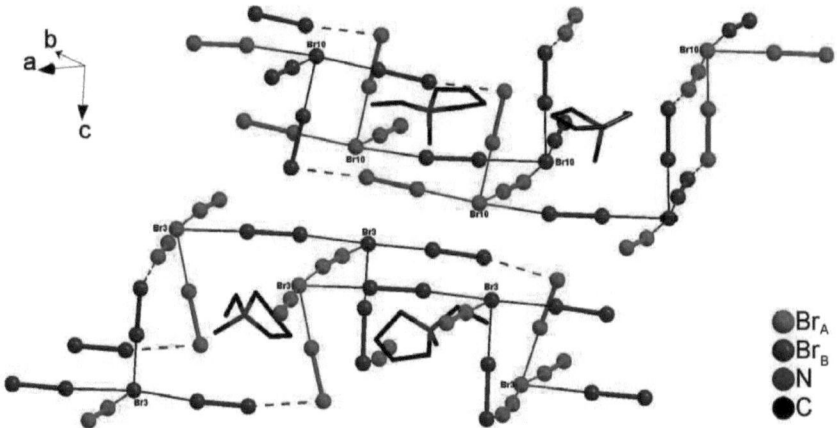

**Abbildung 51.** Darstellung der beiden unabhängigen Polybromid-Netzwerke in [C$_2$Mpyr]$_2$[(Br$_7$)(Br$_7$)] ausgehend von tripodalen beziehungsweise T-förmigen [Br$_7$]$^-$-Baueinheiten. Zur besseren optischen Unterscheidung sind die Einheiten abwechselnd in hell-rot (Br$_A$) und dunkelrot (Br$_B$) dargestellt.

### 3.3.8 Vergleichende Diskussion

Betrachtet man die in den vorangehenden Kapiteln vorgestellten Polybromide im Vergleich, so fallen gewisse Analogien aber auch Unterschiede zu den deutlich besser charakterisierten Polyiodiden auf. Stabilität und Bestreben zur Ausbildung ein-, zwei- oder dreidimensionaler Netzwerke können Donor-Akzeptor-Wechselwirkungen zwischen den "Bausteinen" I$^-$, I$_2$ und [I$_3$]$^-$ zugeschrieben werden. In ähnlicher Weise kann auch bei Polyhalogeniden der leichteren Homologen von einem signifikanten Struktureinfluss durch intermolekularen Wechselwirkungen zwischen X$^-$, X$_2$ und [X$_3$]$^-$ (X = Br, Cl) ausgegangen werden, obgleich diese aufgrund der geringeren Ladungsdichten und damit kleineren Dipolmomente deutlich weniger stark ausgeprägt sind. Dies äußert sich darin, dass häufiger Bindungen der Art [X–X]···X$^-$ als [X–X–X]$^-$ beobachtet werden. Sowohl bei vielen in der Literatur bekannten, aber insbesondere bei den hier vorgestellten Polybromiden sind die dominierenden Baueinheiten Br$_2$ und Br$^-$ und nur selten [Br$_3$]$^-$. Dies lässt sich auch auf das gemischte Polyhalogenid [(Ph)$_3$PCl]$_2$[Cl$_2$I$_{14}$] übertragen. Eine alternative Strukturbeschreibung als Addukt aus X$_2$ und X$^-$ (X = I, Br, Cl) kann daher häufig zum besseren Verständnis der Struktur beitragen. Dies trifft vor allem für die bromreichen Polybromid-Netzwerke [($n$-Bu)$_3$MeN]$_2$[Br$_{20}$] und [C$_4$MPyr]$_2$[Br$_{20}$] zu. Beide Verbindungen besitzen zwar eine ähnliche Zusammensetzung, zeigen jedoch deutlich unterschiedliche Konnektivitäten. Charakteristisches Strukturmerkmal von [(n-Bu)$_3$MeN]$_2$[Br$_{20}$] ist eine verzerrt quadratische Pyramide [(Br$^-$)(Br$_2$)(4Br$_2$)$_2$]$^-$, das von [C$_4$MPyr]$_2$[Br$_{20}$] ein verzerrtes Oktaeder [(Br$^-$)(Br$_2$)$_4$(2Br$_2$)$_2$]$^-$, woraus eine zwei- beziehungsweise dreidimensionale Vernetzung resultiert. Des Weiteren fällt auf, dass im Fall des [C$_4$MPyr]$_2$[Br$_{20}$] die Br–Br-Abstände deutlich einheitlicher ausfallen als für [(n-Bu)$_3$MeN]$_2$[Br$_{20}$]. Trotz der unterschiedlichen Kationen besitzen beide Verbindungen überraschenderweise formal die gleiche Anionen-Summenformel und stehen damit im Kontrast zu den beiden kleineren Polybromiden [Br$_7$]$^-$ und [Br$_8$]$^{2-}$, bei welchen ebenfalls – obgleich schwächere – intermolekulare Br–Br-Wechselwirkungen beobachtet werden. Tabelle 5 gibt eine zusammenfassende Übersicht der Bindungsverhältnisse der hier vorgestellten Polybromide im Kontrast zu vergleichbaren Systemen aus der Literatur. Hierbei fallen zwei wesentliche Punkte auf: Der Aufbau aller Strukturen basiert auf bis zu fünf unterschiedlichen Br–Br-Bindungstypen: Zwei Bindungen kovalenter (Br–Br, Br–Br–Br$^-$), zwei ionischer (Br$_3^-\cdots$Br$_2$, Br$_2\cdots$Br$^-$) und eine assoziativer Natur (Br$_2\cdots$Br$_2$). Meist konsistent und damit untereinander vergleichbar sind die Abstände in Br$_2$ und [Br$_3$]$^-$. Mit steigendem Br–Br-Abstand werden größere Abweichungen beobachtet.

**Tabelle 5.** Br–Br Abstände (unterhalb des doppelten Van-der-Waals Abstandes von 370 pm) der diskutierten Polybromide im Vergleich zu ausgewählten Referenzverbindungen.

| Verbindung | Br–Br /pm (kürzeste Abstände) | Br–Br /pm (Abstände < 370 pm) | Referenz |
|---|---|---|---|
| [(Ph)$_3$PBr][Br$_7$] | 233 – 238 | 287 – 332 (Br$^-$ – Br$_2$) | [199] |
| | | 340 – 350 (Br$_2$ – Br$_2$) | |
| [(Bz)(Ph)$_3$P]$_2$[Br$_8$] | 231 (Br$_2$) | 310 (Br$^-$ – Br$_2$) | [199] |
| | 250 – 252 (Br$_3^-$) | 359 (Br$_2$ – Br$_2$) | |
| [(n-Bu)$_3$MeN]$_2$[Br$_{20}$] | 231 – 233 | 294 – 314 (Br$^-$ – Br$_2$) | [199] |
| | | 327 – 365 (Br$_2$ – Br$_2$) | |
| [C$_4$MPyr]$^+$$_2$[Br$_{20}$] | 229 – 234 | 291 – 316 (Br$^-$ – Br$_2$) | [200] |
| | | 352 – 358 (Br$_2$ – Br$_2$) | |
| Br$_2$ (fest) | 227 | 331 innerhalb Schicht (399 zwischen Schichten) | [102] |
| [Q]$^+$[Br$_3$]$^-$ | 246 – 265 | – | [150] |
| [Q]$^+$$_2$[Br$_8$]$^{2-}$ | 235 – 266 | 317 – 369 | |

| | | | |
|---|---|---|---|
| [Dpfz]$^+{}_2$[Br$_{10}$]$^{2-}$ | 274 – 294 | 347 – 350 | [151] |
| [C$_5$H$_6$S$_4$Br]$^+$[(Br$_3^-$)(½Br$_2$)] | 233 – 255 | 321 – 344 | [152] |
| [H$_4$Tppz]$^{4+}$[(Br$^-$)$_2$(Br$_4{}^{2-}$)] | 242 – 297 | | [153] |
| [TtddBr$_2$]$^{2+}$ [(Br$^-$)$_2$(Br$_2$)$_3$] | 236 – 241 | 304 – 370 | [154] |

Trotz des ähnlichen strukturellen Aufbaus der Polybromide aus den Baugruppen Br$^-$, Br$_2$ und [Br$_3$]$^-$ und der damit verbundenen vergleichbaren Polarisierbarkeiten, existieren erhebliche Unterschiede bezüglich Zusammensetzung und Vernetzungsgrad. Im Kontrast dazu steht das Anionen-Netzwerk in [(Ph)$_3$PCl]$_2$[Cl$_2$I$_{14}$] mit polaren I–Cl-Bindungen, welches jedoch mit der quadratisch-pyramidalen I$_2$-Koordination an den zentralen Chlor-Einheiten ein zu [($n$-Bu)$_3$MeN]$_2$[Br$_{20}$] vergleichbares Strukturmotiv aufweist. Aus dieser Beobachtung lässt sich schlussfolgern, dass der maßgebliche Struktureinfluss vom Kation ausgeht. Diesbezüglich sei an dieser Stelle auf Kapitel 3.3.7 verwiesen.

Weiterhin sind intermolekulare Wechselwirkungen in Form von Wasserstoff-Brücken oder langreichweitigen Van-der-Waals-Bindungen zwischen Halogen-Atomen (wie z.B. bei [(Ph)$_3$P][Br$_7$]) von Interesse. Ein merklicher Struktureinfluss durch starke Wasserstoffbrücken ist hierbei insbesondere bei den untereinander schwach gebundenen, häufig fehlgeordneten Halogen-Atomen zu beobachten. Bei [($n$-Bu)$_3$MeN]$_2$[Br$_{20}$] werden die kürzesten Br···H–C Abstände zwischen dem fehlgeordneten Brom-Atom Br5 und Wasserstoff-Atomen der fehlgeordneten Butylgruppe beobachtet (241, 260 und 270 pm). Des Weiteren fällt auf, dass Br5 mit 338 und 344 pm die schwächsten Br$_2$···Br$_2$ Wechselwirkungen aufweist. Ähnliches trifft auch auf [(Ph)$_3$PCl]$_2$[Cl$_2$I$_{14}$] zu: Hier ist das terminale und schwach mit der nächsten Schicht verbundene Iod-Molekül I5–I6 fehlgeordnet und für I6 wird mit 316 pm der kürzeste I···H Abstand beobachtet. Diese Wasserstoff-Brücke ist jedoch im Hinblick auf die Summe der Van-der-Waals-Radien von Iod und Wasserstoff mit 318 pm verhältnismäßig schwach. Im Gegensatz zu den starken Wasserstoff-Brücken in [($n$-Bu)$_3$MeN]$_2$[Br$_{20}$] stehen H···Br-Abständen oberhalb 286, 277 und 290 pm für [(Ph)$_3$P][Br$_7$], [(Bz)(Ph)$_3$P]$_2$[Br$_8$] beziehungsweise [C$_4$MPyr]$_2$[Br$_{20}$]. Sie stellen hier nicht den die Struktur determinierenden Faktor dar, weshalb keine allgemein gültige Aussage zum Struktureinfluss durch intermolekulare Wechselwirkungen möglich ist.

# 4 Zusammenfassung

In der vorliegenden Arbeit wurde das Potential Ionischer Flüssigkeiten als Reaktionsmedium für die Festkörpersynthese untersucht. Eingangs wurde bereits ausgeführt, dass Ionische Flüssigkeiten aufgrund ihrer aprotisch-polaren Eigenschaften, und der damit verbundenen Fähigkeit viele kovalent und ionisch aufgebaute Festkörper zu lösen, ein ausgezeichnetes Solvens für die Synthese von Festkörpern darstellen. Ihre Stabilität gegenüber hohen Reaktionstemperaturen und redoxchemischen Zersetzungsreaktionen waren bei der Synthese der vorgestellten Iodometallat-Kronenether-Komplexe und Polyhalogenide von besonderem Vorteil. Aus der Vielzahl sowohl kommerziell als auch synthetisch leicht zugänglicher Ionischer Flüssigkeiten wurden die beiden Systeme [($n$-Bu)$_3$MeN][N(Tf)$_2$] und [C$_{10}$MPyr]Br/[C$_4$MPyr]OTf gewählt, welche sich sowohl durch eine besonders hohe thermische Stabilität als auch eine gute Beständigkeit gegenüber starken Oxidationsmitteln auszeichnen.

Durch Umsetzungen von Metalliodiden der Gruppe 12 und 14 mit Kronenethern in [($n$-Bu)$_3$MeN][N(Tf)$_2$] konnten eine Reihe neuartiger Komplex-Verbindungen dargestellt werden. Bei Temperaturen zwischen 80 und 150 °C und Reaktionsdauern zwischen wenigen Stunden und mehreren Tagen konnten die Produkte durch langsames Abkühlen kristallin erhalten werden.

Mit der Verbindung [Pb$_2$I$_3$(18-Krone-6)$_2$][SnI$_5$] wurde erstmals das V-förmigen Kation [Pb$_2$I$_3$]$^+$ vorgestellt, dessen Metallzentren endocyclisch durch 18-Krone-6 koordiniert werden. Weiterhin liegt ein isoliertes trigonal-bipyramidales Anion [SnI$_5$]$^-$ vor. Die Verbindung stellt das erste Beispiel für eine Verbindung im System Pb$^{2+}$–Sn$^{4+}$–I$^-$ dar. Bei Umsetzung von SnI$_4$ mit 18-ane-S6 wurde eine Halogenid-katalysierte Zersetzung des Thioethers zu 1,4-Dithian beobachtet. Bei dem erhaltenen Produkt SnI$_4$ · 1,4-Dithian liegt SnI$_4$ formal in einer neuartigen quadratisch-planaren Konformation vor und wird über 1,4-Dithian-Moleküle zu einer unendlich ausgedehnten Kette verknüpft. Bei der Umsetzung von CdI$_2$, I$_2$ und 18-Krone-6 entsteht ein Molekül-Komplex von CdI$_2$ mit kurzen Cd–I-Abständen. Zusätzlich erfolgt an beiden terminalen Iod-Positionen eine Verknüpfung mit je einem I$_2$-Molekül. Von allen bekannten Cadmium-Iod-Verbindungen besitzt CdI$_2$(18Krone-6) · 2 I$_2$ den bislang höchsten Iod-Gehalt. Weiterhin konnte anhand der Komplex-Verbindung [ZnI(18-Krone-6)][N(Tf)$_2$] gezeigt werden, dass 18-Krone-6 auch das kleine Kation Zn$^{2+}$

endocyclisch koordinieren kann. Das zu große Verhältnis von Kronenether-Ringgröße zu Kationenradius wird hierbei durch eine gewinkelte Konformation des 18-Krone-6-Moleküls und einer pentagonal-pyramidalen anstelle der erwarteten hexagonal-planaren Zn–O-Koordinationssphäre kompensiert. Insgesamt werden für alle vorgestellten Iodometallate unter Berücksichtigung von I–I- und H–F-Abständen unterhalb der Summe der Van-der-Waals-Radien zusätzliche attraktive Wechselwirkungen beobachtet. Damit resultieren für [Pb$_2$I$_3$(18-Krone-6)$_2$][SnI$_5$] und CdI$_2$(18Krone-6) · 2 I$_2$ jeweils ein unendliches zweidimensionales und für SnI$_4$ · 1,4-Dithian ein unendliches dreidimensionales Iodometallat-Netzwerk. Bei [ZnI(18-Krone-6)][N(Tf)$_2$] stellen H–F-Wasserstoff-Brückenbindungen zwischen 18-Krone-6 und den CF$_3$-Gruppen des Anions einen zusätzlichen stabilisierenden Faktor für die ungewöhnliche Kronenether-Konformation dar.

Ein weiterer Themenschwerpunkt dieser Arbeit besteht aus Untersuchungen zum Reaktionsverhalten von Br$_2$ und ICl in Ionischen Flüssigkeiten mit Fokus auf der Synthese halogenreicher Festkörper. Eine Reaktionsdurchführung unter stark oxidierenden Bedingungen stellt Anforderungen an das Reaktionsmedium, welche durch konventionelle Lösungsmittel meist nicht gegeben sind. Eine besonders hohe Redoxstabilität sowie eine signfikante Dampfdruckerniedrigung in Bezug auf elementares Brom und Iodmonochlorid konnten bei einem eutektischen Gemisch aus [C$_{10}$MPyr]Br und[C$_4$MPyr]OTf beobachtet werden. Des Weiteren gewährleistet der niedrige Schmelzpunkt des Reaktionsgemisches [C$_{10}$MPyr]Br/[C$_4$MPyr]OTf/Br$_2$ ein Kristallwachstum bei Temperaturen unter 0 °C, was im Hinblick auf die niedrigen Schmelzpunkte vieler der hier vorgestellten Verbindungen wichtig ist. Eine besondere Herausforderung stellte die Probenpräparation für die Einkristallstrukturanalyse dar, welche nur unter Verwendung einer speziellen Apparatur erfolgen konnte (s. Kapitel 2.4.1).

Im Zuge dieser Untersuchungen gelang die Synthese und Charakterisierung unterschiedlicher neuartiger Polyhalogenide. Hierbei bilden die Polybromide [(Ph)$_3$PBr][Br$_7$] und [(Bz)(Ph)$_3$P]$_2$[Br$_8$] mit einem geringeren Halogengehalt Kristalle, welche erst deutlich oberhalb der Raumtemperatur schmelzen. Sie sind aus den pyramidalen [Br$_7$]$^-$ bzw. Z-förmigen [Br$_8$]$^{2-}$ aufgebaut, welche strukturell vergleichbar zu den Polyiodiden [I$_7$]$^-$ und [I$_8$]$^{2-}$ sind. Für beide Verbindungen werden zwar zusätzlich Br–Br-Abstände unterhalb des doppelten Van-der-Waals-Radius gefunden, eine Beschreibung basierend auf isolierten Anionen ist aufgrund der großen Unterschiede zwischen intra- und intermolekularen Atomabständen jedoch treffender. Mit steigendem Halogengehalt nehmen für Polyhalogenide sowohl intermolekulare Halogen–Halogen-Wechselwirkungen als auch Hydrolyse- und Temperaturempfindlichkeit zu. [(n-Bu)$_3$MeN]$_2$[Br$_{20}$] und [C$_4$MPyr]$_2$[Br$_{20}$] repräsentieren hierbei zwei- bzw. dreidimensionale Polybromid-Netzwerke und stellen – mit Ausnahme des Elements Brom selbst – die Verbindungen mit dem bislang höchsten Gehalt an molekularem Brom dar. Kristalle dieser Verbindungen schmelzen bereits bei Temperaturen oberhalb von 10 °C und sind sehr hydrolyseempfindlich. Ihr struktureller Aufbau lässt sich basierend auf anionischen Br$^-$-Einheiten mit quadratisch-pyramidal bzw. oktaedrisch koordinierenden Br$_2$-Molekülen beschreiben. Der Netzwerkcharakter beider Verbindungen lässt keine sinnvolle Separierung in diskrete Polybromid-Fragmente oder analoge Polyiodid-Strukturmotive zu. Weiterhin konnte anhand der Verbindung [(Ph)$_3$PCl]$_2$[Cl$_2$I$_{14}$] gezeigt werden, dass mit dem zu Br$_2$ isoelektronischen Interhalogen ICl ein Zugang zu binären Polyhalogeniden mit neuartigen Strukturmotiven möglich ist. Die Verbindung stellt das erste dreidimensionale Polyiodidchlorid-Netzwerk dar. Wie stark sich der Templat-Effekt des verwendeten Kations auf das gebildete Polyanionen-Netzwerk auswirkt, konnte anhand eines qualitativen Exkurses zur Struktur von [C$_2$MPyr]$_2$[(Br)$_7$(Br)$_7$] gezeigt werden.

Neben den diskreten Polybromiden [Br$_3$]$^-$, [Br$_4$]$^{2-}$, [Br$_8$]$^{2-}$ und [Br$_{10}$]$^{2-}$ sind bislang lediglich zwei Verbindungen mit einem eindimensionalen und eine mit einem zweidimensionalen Polybromid-Netzwerk beschrieben worden. Durch Umsetzungen mit Brom in Ionischen Flüssigkeiten konnte in dieser Arbeit gezeigt werden, dass sich das Forschungsfeld der Polybromide deutlich erweitern lässt. [C$_4$MPyr]$_2$[Br$_{20}$] stellt das erste dreidimensionale Polybromid-Netzwerk dar und ist ausschließlich aus intra- und intermolekularen Br–Br-Bindungen aufgebaut. Neben dem neuartigen oktaedrischen Strukturmotiv weist diese Verbindung auch den höchsten Halogengehalt aller bekannten Polyhalogenide auf. Darüber hinaus entweicht Brom gemäß thermogravimetrischer Untersuchungen erst ab Temperaturen oberhalb von 60 °C, weshalb die Verbindung von potentiellem Interesse für eine Verwendung als Brom-Speichermedium ist.

# 5 Ausblick

Für die Koordinationschemie von Iodometallaten in Ionischen Flüssigkeiten ergeben sich mit dem breiten Spektrum kommerziell zugänglicher Kronenether und ihrer Fähigkeit zur Komplexierung zahlreicher Metall-Kationen neue Möglichkeiten. Die Redoxstabilität Ionischer Flüssigkeiten macht auch eine Komplexierung von Metall-Kationen in ungewöhnlichen Oxidationsstufen denkbar. Diesbezüglich wären die Synthesen der Verbindungen [Ge$_2$I$_3$(18-Krone-6)$_2$][MI$_5$] (M = Ge, Sn) eine interessante Zielstellung. CdI$_2$(18Krone-6) · 2 I$_2$ bildet einen Schnittpunkt zwischen der Chemie der Kronenether-Metallkomplexe und der halogenreicher Verbindungen. Entsprechend ließe sich hier mit Umsetzungen von CdX$_2$, XBr (X = Br, I) und 18-Krone-6 anknüpfen.

Im Hinblick auf potentielle Halbleiter-Eigenschaften sind insbesondere Systeme mit unendlich ausgedehnten Ketten-, Schicht- und Netzwerkstruktur über weitreichende Iod–Iod-Wechselwirkungen von Interesse. Die Kronenether-Komplexchemie in Ionischen Flüssigkeiten könnte bei selektiven Extraktionsprozessen toxischer Blei- und Cadmium-Verbindungen zur Anwendung kommen.

Ergänzend zu den in dieser Arbeit erfolgten Reaktionen in dem eutektischen Gemisch [C$_{10}$MPyr]Br/[C$_4$MPyr]OTf können systematische Untersuchungen zum Reaktionsverhalten unter oxidierenden und reduzierenden Bedingungen weiter Aufschluss zur chemischen Beständigkeit der Ionischen Flüssigkeiten geben. Weiterhin ist es von Interesse, inwieweit sich durch Variationen der Alkyl-Substituenten der beteiligten Kationen Stabilität, Lösungsverhalten und Viskosität des Gesamtsystems weiter optimieren lassen.

An die Diskussion zum Struktureinfluss des Kations auf das gebildete Polyhalogenid-Netzwerk ließe sich durch Umsetzungen von Br$_2$ in [C$_n$MPyr]Br/[C$_n$MPyr]OTf (n > 4) anknüpfen. Im Hinblick auf die vorgestellten Verbindungen [C$_n$MPyr]$_2$[Br$_m$] (n = 2, 4; m = 14, 20) können somit möglicherweise noch Brom-reichere Polybromide zugänglich gemacht werden. Neben Ammonium-, Phosphonium- und Pyrrolidiniumsalzen ist für die Synthese von Polyhalogeniden auch ein Einsatz großer Metall-Kationen oder Metall-Komplexe denkbar. Wie die Struktur von [(Ph)$_3$PBr][Br$_7$] gezeigt hat, sind hierbei auch strukturdirigierende Effekte Brom-substituierter Kationen von Interesse. Darüber hinaus könnten Ionische Flüssigkeiten Reaktionen mit Substanzen bei tiefen Temperaturen erlauben, die noch reaktiver bzw. flüchtiger sind als Br$_2$ und ICl. Dies umfasst sowohl die leichteren Homologe Cl$_2$ und F$_2$, Interhalogene (z. B. BrCl, ICl$_3$), andere halogenreiche Verbindungen

(z. B. XeF$_4$, SbF$_5$, OsF$_6$) als auch Edelgase (z. B. Kr, Xe). Diesbezügliche Umsetzungen könnten einen Zugang zu neuartigen Polyhalogeniden oder Clathratverbindungen ermöglichen.

Insgesamt betrachtet besitzen Ionische Flüssigkeiten das Potential, in Zukunft weiterhin Einsatz als Reaktionsmedium bei der Synthese halogenreicher Festkörper zu finden. Die gute Löslichkeit in Verbindung mit dem geringen Dampfdruck gewährleistet eine sicherere Handhabung dieser hochreaktiven Substanzen. Neben einer Verwendung als Speichermedium für elementares Brom und andere flüchtige Substanzen ist ein Einsatz als Halogenierungsmittel bei Temperaturen oberhalb der Raumtemperatur möglich. Weiterhin ist eine Verwendung von Polybromiden in Ionischen Flüssigkeiten als Elektrolyt denkbar, beispielsweise in Zink-Brom-Akkumulatoren oder in Solarzellen analog zum Redoxsystem I$^-$/[I$_3$]$^-$ der Grätzel-Zelle [201].

# 6 Literatur

[1]  U. Müller, *Anorganische Strukturchemie*, Vieweg+Teubner, Wiesbaden 2008.
[2]  P. Wasserscheid, T. Welton, *Ionic Liquids in Synthesis*, Wiley-VCH, Weinheim 2008.
[3]  R. Giernoth, *Angew. Chem. Int. Ed.* **2010**, *49*, 2834.
[4]  P. Walden, *Izv. Imp. Akad. Nauk.* **1914**, 405.
[5]  C. G. Swain, A. Ohna ,D. K. Roe, R. Brown, T. Maugh II, *J. Am. Chem. Soc.* **1967**, *89*, 2648.
[6]  J. A. Boon, J. A. Levisky, J. L. Pflug, J. S. Wilkes, *J. Org. Chem.* **1986**, *51*, 480.
[7]  J. S. Wilkes, M. J. Zaworotko, *J. Chem. Soc. Chem. Commun.* **1992**, 965.
[8]  T. Welton, *Chem. Rev.* **1999**, *99*, 2071.
[9]  G. Cravotto, E. C. Gaudino, L. Boffa, J.-M. Lévêque, J. Estager, W. Bonrath, *Molecules* **2008**, *13*, 149.
[10] J. S. Yadav, B. V. S. Reddy, A. K. Basak, A. V. Narsaiah, *Tetrahydron* **2004**, *60*, 2131.
[11] J. R. Harjani, T. Friscic, L. R. MacGillivray, R. D. Singer, *Inorg. Chem.* **2006**, *45*, 10025.
[12] E. D. Bates, R. D. Mayton, I. Ntai, I., J. H. Davis, *J. Am. Chem. Soc.* **2002**, *124*, 926.
[13] S. Ahrens, A. Peritz, T. Strassner, *Angew. Chem. Int. Ed.* **2009**, *48*, 7908.
[14] Y. Liu, S. S. Wang, W. Liu, Q. X. Wan, H. H. Wu, G. H. Gao, *Current Org. Chem.* **2009**, *13*, 1322.
[15] J. Dupont, R. F. de Souza, P. A. Z. Suarez, *Chem. Rev.* **2002**, *102*, 3667.
[16] M. Antonietti, D. Kuang, B. Smarsly, Y. Zhou, *Angew. Chem. Int. Ed.* **2004**, *43*, 4988.
[17] B. Ni, A. D. Headley, *Chem. Europ. J.* **2010**, *16*, 4426.
[18] T. Jiang, B. Han, *Current Org. Chem.* **2009**, *13*, 1278.
[19] M. Armand, F. Endres, D. R. MacFarlane, H. Ohno, B. Scrosati, *Nature Mater.* **2009**, *8*, 621.
[20] M. Gorlov, L. Kloo, *Dalton Trans.* **2008**, 2655.
[21] A. M. Guloy, R. Ramlau, Z. Tang, W. Schnelle, M. Baitinger, Y. Grin, *Nature* **2006**, *443*, 320.
[22] A. V. Mudring, A. Babai, S. Arenz, R. Giernoth, *Angew. Chem. Int. Ed.* **2005**, *44*, 5485.

[23] J. M. Slattery, A. Higelin, T. Bayer, I. Krossing, *Angew. Chem. Int. Ed.* **2010**, *49*, 3228.
[24] D. N. Dybtsev, H. Chun, K. Kim, *Chem. Commun.* **2004**, 1594.
[25] A. Okrut, C. Feldmann, *Inorg. Chem.* **2008**, *47*, 3084.
[26] D. Freudenmann, C. Feldmann, *Dalton Trans.* **2011**, *40*, 452.
[27] D. R. MacFarlane, P. Meakin, J. Sun, N. Amini, N. Forsyth, *J. Phys. Chem.* **1999**, *103*, 4164.
[28] A. Getsis, A.-V. Mudring, *Z. Anorg. Allg. Chem.* **2009**, *635*, 2214.
[29] W. Massa, *Kristallstrukturbestimmung*, B. G. Teubner, Wiesbaden, 2007.
[30] X-RED, *Data Reduction Program*, Version 1.14, Stoe & Cie GmbH, Darmstadt 1999.
[31] XPREP, *Data Reduction Program*, Version 1.14, Stoe & Cie GmbH, Darmstadt 1999.
[32] SHELXTL, *Structure Solution and Refinement Package*, Version 5.1, Bruker AXS, Karlsruhe 1998.
[33] X-SHAPE, *Crystal Optimisation for Numerical Absorption Correction*, Version 1.06, Stoe & Cie GmbH, Darmstadt 1999.
[34] DIAMOND, *Visuelles Informationssystem für Kristallstrukturen*, Version 3.0d, Crystal Impact GbR, Bonn 2005.
[35] C. Feldmann, M. Jansen, *Z. Anorg. Allg. Chem.* **1997**, *623*, 1803.
[36] W. F. Hemminger, H. K. Cammenga, *Methoden der Thermischen Analyse,* Springer, Berlin 1989.
[37] P. W. Atkins, *Physikalische Chemie*, Wiley-VCH, Weinheim 2001.
[38] G. Bühler, C. Feldmann, *Angew. Chem. Int. Ed.* **2006**, *45*, 4864.
[39] X. Zhou, T. Wu, K. Ding, B. Hu, M. Hou, B. Han, *Chem. Commun.* **2010**, *46*, 386.
[40] A. Safavi, N. Maleki, F. Tajabadi, *Analyst* **2007**, *132*, 54.
[41] C. V. Doorslaer, A. Peeters, P. Mertens, C. Vinckier, K. Binnemans, D. D. Vos, *Chem. Commun.* **2009**, 6439.
[42] M. Wolff, C. Feldmann, *unveröffentlichtes Ergebnis*.
[43] J. Sun, M. Forsyth, D. R. MacFarlane, *J. Phys. Chem.* **1998**, *102*, 8858.
[44] N. Meine, F. Benedito, R. Rinaldi, *Green Chem.* **2010**, *12*, 1711.
[45] P. Bonhôte, A.-P. Dias, N. Papageorgiou, K. Kalyanasundaram, M. Graetzel, *Inorg. Chem.* **1996**, *35*, 1168.
[46] A. Okrut, *Dissertation*, Univ. Karlsruhe 2008.

[47] D. R. Lide, *CRC Handbook of chemistry and physics on CD-ROM (Elektronische Ressource)*, 2010.
[48] C. J. Pedersen, *J. Am. Chem. Soc.* **1967**, *89*, 2495.
[49] M. A. Bush, M. R. Truter, *J. Chem. Soc. Chem. Commun.* **1970**, *92*, 1439.
[50] P. R. Mallinson, M. R. Truter, *J. Chem. Soc. Perkin Trans. II* **1972**, 1818.
[51] E. Vogel, H.-J. Altenbach, C.-D. Sommerfeld, *Angew. Chem. Int. Ed.* **1972**, *11*, 939.
[52] A. C. L. Su, J. F. Weiher, *Inorg. Chem.* **1968**, *7*, 176.
[53] M. E. Fargo, *Inorg. Chim. Acta* **1977**, *25*, 71.
[54] V. W.-W. Yam, R. P.-L. Tang, K. M.-C. Wong, C.-C. Ko, K.-K. Cheung, *Inorg. Chem.* **2001**, *40*, 571.
[55] H. K. Frensdorff, *J. Am. Chem. Soc.* **1971**, *93*, 600.
[56] A. B. Charette, J.-F. Marcoux, F. Bélanger-Gariépy, *J. Am. Chem. Soc.* **1996**, *118*, 6792.
[57] A. Y. Nazarenko, O. I. Kronikovski, *Supramol. Chem.* **1995**, *4*, 259.
[58] C. R. Paige, M. F. Richardson, *Can. J. Chem.* **1984**, *62*, 332.
[59] A. Hazell, *Acta Crystallogr. C* **1988**, *44*, 88.
[60] A. H. Bond, R. D. Rogers, *J. Chem. Cryst.* **1998**, *28*, 521.
[61] J. M. Harrington, S. B. Jones, D. G. Van Derverr, L. J. Bartolotti, R. D. Hancock, *Inorg. Chim. Acta* **2009**, *362*, 1122.
[62] F. Rieger, A.-V. Mudring, *Z. Anorg. Allg. Chem.* **2008**, *634*, 2989.
[63] K. M. Doxsee, J. R. Hagadorn, T. J. R. Weakly, *Inorg. Chem.* **1994**, *33*, 2600.
[64] L.-Q. Kong, J.-M. Dou, C.-J. Li, D.-C. Li, D.-Q. Wang, *Acta Crystallogr. E* **2006**, *62*, 1030.
[65] K. F. Tebbe, M. E. Essawi, S. A. E. Khalik, *Z. Naturforsch.* **1995**, *50b*, 1429.
[66] H. von Arnim, K. Dehnicke, K. Maczek, D. Fenske, *Z. Anorg. Allg. Chem.* **1993**, *619*, 1704.
[67] R. M. Fabicon, M. Parvez, H. G. Richey Junior, *Organometallics* **1999**, *18*, 5163.
[68] P. A. Rupar, R. Bandyopadhyay, B. F. T. Cooper, M. R. Stinchcombe, P. J. Ragogna, C. L. B. Macdonald, K. M. Baines, *Angew. Chem. Int. Ed.* **2009**, *121*, 5257.
[69] A. J. Blake, G. Reid, M. Schroder, *J. Am. Chem. Soc., Dalton Trans.* **1992**, 2987.
[70] A. J. Blake, G. Reid, M. Schroder, *Chem. Commun.* **1993**, 1097.
[71] J. L. Shaw, J. Wolowska, D. Collison, J. A. K. Howard, E. J. L. McInnes, J. McMaster, A. J. Blake, C. Wilson, M. Schroder, *J. Am. Chem. Soc.* **2006**, *128*, 13827.

[72] G. R. Willey, A. Jarvis, J. Palin, W. Errington, *J. Am. Chem. Soc., Dalton Trans.* **1994**, 255.

[73] W. Levason, M. R. Matthews, R. Patel, G. Reid, M. Webster, *New J. Chem.* **2003**, *27*, 1784.

[74] M. M. Ölmstead, K. A. Williams, W. K. Musker, *J. Am. Chem. Soc.* **1982**, *104*, 5567.

[75] M. F. Davis, W. Levason, G. Reid, M. Webster, W. Zhang, *Dalton Trans.* **2008**, 533.

[76] M. Wolff, T. Harmening, R. Pöttgen, C. Feldmann, *Inorg. Chem.* **2009**, *48*, 3153.

[77] A. Okrut, C. Feldmann, *Z. Anorg. Allg. Chem.* **2006**, *632*, 409.

[78] A. Okrut, C. Feldmann, *unveröffentlichte Ergebnisse*.

[79] M. Wolff, C. Feldmann, *Z. Anorg. Allg. Chem.* **2009**, *635*, 1179.

[80] I. Pantenburg, F. Hohn, K.-F. Tebbe, *Z. Anorg. Allg. Chem.* **2002**, *628*, 383.

[81] C. Link, I. Pantenburg, G. Meyer, *Z. Anorg. Allg. Chem.* **2008**, *634*, 616.

[82] J. Pickardt, B. Kuhn, *Chem Commun.* **1995**, 451.

[83] G. Valle, A. Cassol, U. Russo, *Inorg. Chim. Acta* **1984**, *82*, 81.

[84] A. Nurtaeva, E. M. Holt, *J. Chem. Cryst.* **2002**, *32*, 337.

[85] M. G. Kanatzidis, *Chem. Mater.* **1990**, *2*, 353.

[86] M. A. Pell, J. A. Ibers, *Chem. Ber.* **1997**, *130*, 1.

[87] C. R. Kagan, D. B. Mitzi, C. D. Dimitrakopoulos, *Science* **1999**, *286*, 945.

[88] J. L. Knutson, J. D. Martin, D. B. Mitzi, *Inorg. Chem.* **2005**, *44*, 4699.

[89] M. C. Burns, M. A. Tershansy, J. M. Ellsworth, Z. Khaliq, L. Peterson, M. D. Smith, H.-C. zur Loye, *Inorg. Chem.* **2006**, *45*, 10437.

[90] P. Gomez-Romero, *Adv. Mater.* **2001**, *13*, 163.

[91] G. Chen, M. S. Dresselhaus, G. Dresselhaus, J. P. Fleurial, T. Caillat, *Int. Mater. Rev.* **2003**, *48*, 45.

[92] M. Armand, J. M. Tarascon, *Nature* **2008**, *451*, 652.

[93] R. G. Dickinson, *J. Am. Chem. Soc.* **1923**, *45*, 958.

[94] R. A. Howie, W. Moser, I. C. Treventa, *Acta Crystallogr.* **1972**, *28*, 2965.

[95] C. Lode, H. Krautscheid, *Z. Anorg. Allg. Chem.* **2005**, *631*, 587.

[96] C. Lode, H. Krautscheid, *Z. Anorg. Allg. Chem.* **2001**, *627*, 1454.

[97] C. Lode, H. Krautscheid, *J. Am. Chem. Soc.* **2001**, *7*, 1099.

[98] J. Guan, Z. Tang, A. M. Guloy, *Chem. Commun.* **2005**, 48.

[99] R. D. Rogers, A. H. Bond, *Inorg. Chim. Acta* **1992**, *192*, 163.

[100] R. P. Power, *Chem. Rev.* **1999**, *99*, 3463.

[101]  J. D. Dunitz, P. Seiler, *Acta Crystallogr.* **1974**, *30*, 2739.

[102]  A. F. Hollemann, N. Wiberg, *Lehrbuch der Anorganischen Chemie*, de Gruyter, Berlin 2007.

[103]  D. Weber, *Z. Naturforsch.* **1979**, *34b*, 939.

[104]  T. A. Kuhn, *Thin Solid Films* **1998**, *340*, 292.

[105]  D. Hänssgen, M. Jansen, W. Assenmacher, H. Salz, *J. Organomet. Chem.* **1993**, *445*, 61.

[106]  I. Oftedal, *Norw. J. Geol.* **1927**, *9*, 225.

[107]  M. Cruz, J. Morales, J. P. Espinos, J. Sanz, *J. Solid State Chem.* **2003**, *175*, 359.

[108]  S. E. Dann, A. R. J. Genge, W. Levason, G. Reid, *J. Chem. Soc., Dalton Trans.* **1996**, 4471.

[109]  V. I. Shcherbakov, I. K. Grigor'eva, G. A. Razuvaev, L. N. Zakharov, R. I. Bochkova, *J. Organomet. Chem.* **1987**, *319*, 41.

[110]  L. I. Lozana-Lewis, S. V. John-Rajkumar, S. A. Islas, R. D. Pike, D. Rabinovich, *Main Group Chem.* **2007**, *6*, 133.

[111]  J. R. Meadow, E. E. Reid, *J. Am. Chem. Soc.* **1934**, *56*, 2177.

[112]  E. V. Bell, G. M. Bennet, A. L. Hock, *J. Chem. Soc.* **1927**, 1803.

[113]  M. A. Jaswon, D. B. Dove, *Acta Crystallogr.* **1955**, *8*, 91.

[114]  M. Bauer, J. Kouvetakis, T. L. Groy, *Z. Kristallogr.* **2002**, *217*, 421.

[115]  E. Riedel, *Anorganische Chemie*, 4. Auflage, Walter de Gruyter Berlin, New York, 1999.

[116]  H. Rheinboldt, *J. prakt. Chem.* **1931**, *129*, 268.

[117]  F. van Bolhuis, P. B. Koster, T. Migchelsen, *Acta Crystallogr.* **1967**, *23*, 90.

[118]  R. Striebinger, C. Walbaum, I. Pantenburg, G. Meyer, *Z. Anorg. Allg. Chem.* **2008**, *634*, 2743.

[119]  G. K. Chadha, *Z. Kristallogr.* **1974**, *139*, 147.

[120]  P. W. Allen, L. E. Sutton, *Acta Crystallogr.* **1950**, *3*, 46.

[121]  O. Hassel, L. C. Stromme, *Z. Phys. Chem. B* **1938**, *38*, 466.

[122]  PLATON for Windows, *A Multipurpose Crystallographic Tool*, Version 1.15, Utrecht University, Utrecht 2002.

[123]  N. R. Brooks, S. Schaltin, K. Van Hecke, L. Van Meervelt, K Binnemans, J. Fransaer, *Chem. Eur. J.* **2011**, *17*, 5054.

[124]  R. D. Shannon, *Acta Crystallogr. A* **1976**, *32*, 751.

[125] A. Hazell, *Acta Crystallogr. C* **1988**, *44*, 445.
[126] V. K. Belsky, N. R. Streltsova, B. M. Bulychev, P. A. Storozhenko, L. V. Ivankina, A. I. Gorbanov, *Inorg. Chim. Acta* **1989**, *164*, 211.
[127] X. Hao, S. Parkin, C. P. Brock, *Acta Crystallogr. B* **2005**, *61*, 675.
[128] J. A. K. Howard, V. J. Hoy, D. O'Hagan, G. T. Smith, *Tetrahydron* **1996**, *38*, 12613.
[129] R. M. Izatt, J. S. Bradshaw, S. A. Nielsen, J. D. Lamb, J. J. Christensen, D. Sen, *Chem. Rev.* **1985**, *85*, 271.
[130] J. M. Caridade Costa, P. M. S. Rodrigues, *Port. Electrochim. Acta* **2002**, *20*, 167.
[131] V. P. Solov'ev, N. N. Strakhova, O. A. Raevsky, V. Rüdiger, H. J. Schneider, *J. Org. Chem.* **1996**, *61*, 5221.
[132] K. Popov, H. Rönkkömäki, M. Hannu-Kuure, T. Kuokkanen, M. Lajunen, A. Vendilo, P. Oksman, L. H. J. Lajunen, *J. Incl. Phenom. Macrocycl. Chem.* **2007**, *59*, 377.
[133] M. Wolff. C. Feldmann, *Z. Anorg. Allg. Chem.* **2010**, *636*, 1787.
[134] B. Curtouis, *Ann. Chim.* **1813**, *91*, 304.
[135] J. J. Colin, H.G. de Claubry, *Ann. Chim.* **1814**, 90, 87.
[136] R. C. Teitelbaum, S. L. Ruby, J. Marks, *J. Am. Chem. Soc.* **1980**, *102*, 3522.
[137] S. M. Jörgensen, *J. F. Prakt. Chem.* **1870**, *2*, 433.
[138] R. C. L. Mooney, *Z. Kristallogr.* **1935**, *90*, 143.
[139] P. H. Svenson, L. Kloo, *Chem. Rev.* **2003**, *103*, 1649.
[140] A. J. Blake, R. O. Gould, S. Parsons, C. Radek, M. Schroeder, *Angew. Chem. Int. Ed.* **1995**, *34*, 2374.
[141] C. J. Horn, A. J. Blake, N. R. Champness, A. Garau, V. Lippolis, C. Wilson, M. Schroeder, *Chem. Commun.* **2003**, *3*, 312.
[142] K. F. Tebbe, R. Buchem, *Angew. Chem. Int. Ed.* **1997**, *36*, 1345.
[143] I. Pantenburg, I. Müller, K. F. Tebbe, *Z. Anorg. Allg. Chem.* **2005**, *631*, 654.
[144] S. Menon, M. V. Rajasekharan, *Inorg. Chem.* **1997**, *36*, 4983.
[145] D. Schneider, O. Schuster, H. Schmidbaur, *Dalton Trans.* **2005**, 1940.
[146] S. Hauge, K. Marøy, *Acta Chem. Scand.* **1996**, *50*, 399.
[147] S. L. Lawton, R. A. Jacobson, *Inorg. Chem.* **1971**, *10*, 709.
[148] M. Berkei, J. F. Bickley, B. T. Heaton, A. Steiner, *Chem. Commun.* **2002**, 2180.
[149] K. O. Stromme, *Acta Chem. Scand.* **1959**, *13*, 2089.
[150] K. N. Robertson, P. K. Bakshi, T. S. Cameron, O. Knop, *Z. Anorg. Allg. Chem.* **1997**, *623*, 104.

[151] C. W. Cunningham, G. R. Burns, V. McKee, *Inorg. Chim. Acta* **1990**, *167*, 135.

[152] N. Bricklebank, P. J. Skabara, D. E. Hibbs, M. B. Hurstouse, K. M. A. Malik, *J. Chem. Soc., Dalton Trans.* **1999**, 3007.

[153] M. C. Aragoni, M. Arca, F. A. Devillanova, M. B. Hursthouse, S. L. Huth, F. Isaia, V. Lippolis, A. Mancini, H. Ogilvie, *Inorg. Chem. Comm.* **2005**, *8*, 79.

[154] M. C. Aragoni, M. Arca, F. A. Devillanova, F. Isaia, V. Lippolis, A. Mancini, L. Pala, A. M. Z. Slawin, J. D. Woollins, *Chem. Commun.* **2003**, 2226.

[155] J. Taraba, Z. Zak, *Inorg. Chem.* **2003**, *42*, 3591.

[156] A. A. Tuinman, A. A. Gakh, R. J. Hinde, R. N. Compton, *J. Am. Chem. Soc.* **1999**, *121*, 8397.

[157] B. Braida, P. C. Hiberty, *J. Am. Chem. Soc.* **2004**, *126*, 14890.

[158] S. Riedel, T. Köchner, X. Wang, L. Andrews, *Inorg. Chem.* **2010**, *49*, 7156.

[159] F. D. Chattaway, G. Hoyle, *J. Chem. Soc., Trans.* **1923**, *123*, 654.

[160] A. N. Chekhlov, *J. Struct. Chem.* **2007**, *48*, 137.

[161] A. Parlow, *Z. Naturforsch.* **1985**, *40B*, 45.

[162] M. C. Aragoni, M. Arca, F. A. Devillanova, M. B. Hursthouse, S. L. Huth, F. Isaia, V. Lippolis, A. Mancini, G. Verani, *Eur. J. Inorg. Chem.* **2008**, 3921.

[163] Y.-Q. Wang, Z.-M. Wang, C.-S. Liao, C.-H. Yan, *Acta Crystallogr. C* **1999**, *55*, 1503.

[164] G. V. Shilov, O. N. Kazheva, O. A. D'yachenko, M. S. Chernov'yants, S. S. Simonyan, V. E. Gol'eva, A.I., *Russ. J. Phys. Chem.* **2002**, 1436.

[165] Y. Ogawa, O. Takahashi, O. Kikuchi, *J. Mol. Struc.* **1998**, *429*, 187.

[166] M. Ghassemzadeh, K. Dehnicke, H. Goesmann, D. Fenske, *Z. Naturforsch.* **1994**, *49b*, 602.

[167] Y. Yagi, A. I. Popov, *J. Inorg. Nucl. Chem.* **1967**, *29*, 2223.

[168] I.-E. Parigoridi, G. J. Corban, S. K. Hadjikakou, N. Hadjiliadis, N. Kourkoumelis, G. Kostakis, V. Psycharis, C. P. Raptopoulouc, M. Kubicki, *Dalton Trans.* **2008**, 5159.

[169] A. Parlow, H. Hartl, *Acta Crystallogr. B* **1979**, *35*, 1930.

[170] X. Thang, K. Seppelt, *Z. Anorg. Allg. Chem.* **1997**, *623*, 491.

[171] A. J. Edwards, G. R. Jones, *Chem. Comm.* **1967**, *24*, 1304.

[172] Y. M. Kiselev, A. I. Popov, S. A. Goryachenkov, *Zh. Neorg. Khim.* **1988**, *33*, 2136.

[173] S. Siegel, *Acta Crystallogr.* **1956**, *9*, 493.

[174] T. Migchelsen, *Acta Crystallogr.* **1967**, *22*, 812.

[175] V. A. Ozeryanskii, A. F Pozharskii, A. J. Bienko, W. L. Sawka-Dobrowolska, L. Sobczyk, *J. Phys. Chem.* **2005**, *109*, 1637.

[176] H. Vogt, S. I. Trijanov, V. B. Rybakov, *Z. Naturforsch.* **1993**, *48*, 258.

[177] E. E. Havinga, K. H. Boswijk, E. H. Wiebenga, *Acta Crystallogr.* **1954**, *7*, 487.

[178] A. J. Jircitano, M. C. Colton, K. B. Mertes, *Inorg. Chem.* **1981**, *20*, 890.

[179] A. Grafe-Kavoosian, S. Nafepour, K. Nagel, K. F. Tebbe, *Z. Naturforsch.* **1998**, *B53*, 641.

[180] A. D. Tol, A. D. Natu, V. G. Puranik, *Mol. Cryst. Liq. Cryst.* **2007**, *469*, 69.

[181] H. Terao, T. M. Gesing, H. Ishihara, Y. Furukawa, Y., B. T.Gowda, *Acta Crystallogr. E.* **2008**, *65*, 323.

[182] C. Horn, M. Scudder, I. Dance, *Cryst. Eng. Comm.* **2000**, *9*, 1.

[183] F. Vega, O. Vilaseca, F. Llovell, J. S. Andreu, *Fluid Phase Equilib.* **2010**, *294*, 15.

[184] J. Kumelan, D. Tuma, G. Maurer, *Fluid Phase Equilib.* **2009**, *275*, 132.

[185] X. Chen, M. A. Rickard, J. W. Hull Jr., C. Zheng, A. Leugers, P. Simoncic, *Inorg. Chem.* **2010**, *49*, 8684.

[186] H. Stammreich, *Phys. Rev.* **1950**, *78*, 79.

[187] GESTIS-Stoffdatenbank des Instituts für Arbeitsschutz der Deutschen Gesetzlichen Unfallversicherung (http://biade.itrust.de)

[188] G. V. Shilov, O. N. Kazheva, O. A. D'yachenko, M. S. Chernov'yants, S. S. Simonyan, V. E. Gol'eva, A.I., *Russ. J. Phys. Chem.* **2002**, 1436.

[189] Y.-Q. Wang, Z.-M. Wang, C.-S. Liao, C.-H. Yan, *Acta Crystallogr. C* **1999**, *55*, 1503.

[190] I.-E. Parigoridi, G. J. Corban, S. K. Hadjikakou, N. Hadjiliadis, N. Kourkoumelis, G. Kostakis, V. Psycharis, C. P. Raptopoulouc, M. Kubicki, *Dalton Trans.* **2008**, 5159.

[191] A. Michael, L. Norton, *J. Am. Chem. Soc.* **1879**, *1*, 484.

[192] C. Zhou, A. V. Dubrovsky, R. C. Larock, *J. Org. Chem.* **2006**, *71*, 1626.

[193] F. Bellina, F. Colzi, L. Mannina, R. Rossi, S. Viel, *J. Org. Chem.* **2003**, *68*, 10175.

[194] T. E. Heil, C. E. Check, K. C. Lobring, L. S. Sunderlin, *J. Phys. Chem. A* **2002**, *106*, 10043.

[195] K. Zhang, B. Albela, M.-Y. He, Y. Wang, L. Bonneviot, *Phys. Chem. Chem. Phys.* **2009**, *11*, 2912.

[196] A. Lützen, *Angew. Chem. Int. Ed.* **2005**, *117*, 1022.

[197] A. Chatterjee, *J. Mol. Cat.* **1997**, *120*, 155.

[198] S. M. Biros, R. M. Yeh, K. N. Raymond, *Angew. Chem. Int. Ed.* **2008**, *47*, 6062.

[199]  M. Wolff, A. Okrut, C. Feldmann, *Inorg. Chem.* **2011**, *50*, 11683.
[200]  M. Wolff, J. Meyer, C. Feldmann, *Angew Chem. Int. Ed.* **2011**, *50*, 4970.
[201]  B. O'Regan, M. Grätzel, *Nature* **1991**, *353*, 737.

# 7 Anhang

## 7.1 Tabellen zur Strukturbestimmung

**Tabelle 6.** Daten zur Strukturlösung und -verfeinerung von [Pb$_2$I$_3$(18-Krone-6)$_2$][SnI$_5$].

| | |
|---|---|
| Summenformel | C$_{24}$H$_{48}$O$_{12}$Pb$_2$SnI$_8$ |
| Kristallsystem | monoklin |
| Raumgruppe | $P2/n$ |
| Gitterparameter | $a$ = 12,375(3) Å |
| | $b$ = 7,866(2) Å |
| | $c$ = 24,395(5) Å |
| | $\beta$ = 91,99(3) ° |
| | $V$ = 2373(2) Å$^3$ |
| Zahl der Formeleinheiten | $Z$ = 2 |
| Berechnete Dichte | $\rho$ = 2,91 g · cm$^{-3}$ |
| Messanordnung | Bildplattendiffraktometer vom Typ IPDS II der Firma STOE; Graphitmonochromator; $\lambda$(MoK$_\alpha$) = 0,71073 Å; T = 200 K |
| Messbereich | 3,3° $\leq 2\theta \leq$ 58,55° |
| | $-16 \leq$ h $\leq 16, -10 \leq$ k $\leq 10, -31 \leq$ l $\leq 33$ |
| Absorptionskoeffizient | $\mu$ = 12,81 cm$^{-1}$ |
| Reflexanzahl | 23184 gemessen (davon 6351 unabhängig) |
| Mittelung | $R_{int}$ = 0,037 |
| Strukturverfeinerung | Methode der kleinsten Fehlerquadrate, vollständige Matrix; Basis: F$_0^2$-Werte, anisotrope Temperaturfaktoren; Verfeinerung mit entzwillingtem Datensatz; |
| Anzahl der freien Parameter | 216 |
| Restelektronendichte | $-3,45$ bis 2,35 e/Å$^3$ |
| Gütewerte der Verfeinerung | $R1$ = 0,049 |
| | $R1$ (I $\geq 2\sigma_I$) = 0,045 |
| | $wR2$ = 0,131 |

**Tabelle 7.** Ortsparameter (· 10$^{-4}$) und isotrope Auslenkungsparameter $U_{eq}$ (· 10$^{-3}$) für [Pb$_2$I$_3$(18-Krone-6)$_2$][SnI$_5$].

| Atom | $x$ | $y$ | $z$ | $U_{eq}$ |
|---|---|---|---|---|
| I(1) | −2601(1) | 9567(2) | 3667(1) | 53(1) |
| I(2) | −618(1) | 7739(2) | 2576(1) | 54(1) |
| I(3) | 2682(1) | 2889(2) | 4890(1) | 51(1) |

| | | | | |
|---|---|---|---|---|
| I(4) | −2500 | 2965(2) | 2500 | 56(1) |
| I(5) | 2500 | 6156(2) | 2500 | 62(1) |
| Pb(1) | 2364(1) | 4750(1) | 3859(1) | 45(1) |
| Sn(1) | −2500 | 9505(2) | 2500 | 43(1) |
| O(1) | 179(12) | 4696(16) | 3858(6) | 56(3) |
| O(2) | 1159(10) | 6985(16) | 4521(6) | 50(3) |
| O(3) | 3530(13) | 2290(20) | 3386(6) | 53(4) |
| O(4) | 1335(13) | 1900(20) | 3529(7) | 61(4) |
| O(5) | 3319(12) | 7460(20) | 4395(6) | 45(3) |
| O(6) | 4452(12) | 4877(17) | 3892(6) | 54(3) |
| C(1) | 473(15) | 4290(30) | 5795(8) | 54(4) |
| C(2) | −347(18) | 3130(30) | 3783(10) | 66(6) |
| C(3) | 1690(18) | −1550(20) | 4715(10) | 57(5) |
| C(4) | 2816(15) | 8000(20) | 4882(7) | 45(4) |
| C(5) | 5044(15) | 3930(30) | 3529(9) | 60(5) |
| C(6) | 1925(16) | 800(30) | 3165(9) | 60(5) |
| C(7) | 3049(18) | 650(20) | 3396(9) | 57(5) |
| C(8) | 280(20) | 2190(30) | 3323(11) | 72(7) |
| C(9) | 4943(14) | 6540(30) | 3986(9) | 55(4) |
| C(10) | 4690(20) | 2210(40) | 3553(11) | 76(8) |
| C(11) | −91(17) | 2660(30) | 5712(10) | 61(5) |
| C(12) | 4491(19) | 7320(40) | 4472(12) | 60(7) |

**Tabelle 8.** Anisotrope Auslenkungsparameter ($\cdot\, 10^{-3}$) für [Pb$_2$I$_3$(18-Krone-6)$_2$][SnI$_5$].

| Atom | $U_{11}$ | $U_{22}$ | $U_{33}$ | $U_{23}$ | $U_{13}$ | $U_{12}$ |
|---|---|---|---|---|---|---|
| I(1) | 51(1) | 65(1) | 44(1) | 0(1) | 6(1) | −2(1) |
| I(2) | 52(1) | 56(1) | 54(1) | −7(1) | 1(1) | 12(1) |
| I(3) | 57(1) | 48(1) | 48(1) | 5(1) | 7(1) | −1(1) |
| I(4) | 65(1) | 44(1) | 59(1) | 0 | 7(1) | 0 |
| I(5) | 74(1) | 57(1) | 55(1) | 0 | 5(1) | 0 |
| Pb(1) | 44(1) | 45(1) | 45(1) | 1(1) | 7(1) | 0(1) |
| Sn(1) | 41(1) | 45(1) | 44(1) | 0 | 6(1) | 0 |
| O(1) | 70(11) | 41(7) | 58(7) | −2(5) | 10(6) | 12(6) |
| O(2) | 34(7) | 51(8) | 64(7) | −7(5) | 11(5) | 7(5) |
| O(3) | 46(7) | 58(8) | 57(8) | 0(6) | 21(6) | 8(6) |
| O(4) | 51(9) | 53(9) | 78(10) | −14(7) | 8(7) | 1(6) |
| O(5) | 32(7) | 54(8) | 50(6) | −9(5) | 6(5) | −5(6) |
| O(6) | 44(8) | 50(8) | 70(8) | 4(5) | 27(6) | −2(5) |
| C(1) | 51(11) | 53(11) | 60(9) | −9(7) | 18(7) | −4(8) |
| C(2) | 57(12) | 48(12) | 92(14) | −25(10) | −3(10) | 12(9) |
| C(3) | 63(13) | 30(10) | 79(13) | −6(8) | 13(9) | 8(9) |
| C(4) | 44(10) | 34(9) | 57(8) | −1(6) | 5(7) | 1(7) |
| C(5) | 43(10) | 68(14) | 70(10) | −5(9) | 23(8) | 9(9) |
| C(6) | 41(10) | 67(14) | 71(12) | −20(10) | 13(8) | −9(9) |
| C(7) | 65(13) | 36(10) | 70(12) | −10(8) | 15(10) | 0(9) |
| C(8) | 69(16) | 70(17) | 75(14) | −26(11) | 0(11) | 13(12) |
| C(9) | 32(9) | 57(12) | 77(11) | −2(8) | 18(7) | −3(8) |
| C(10) | 100(20) | 66(16) | 64(14) | −11(11) | 8(13) | 16(14) |
| C(11) | 57(13) | 45(11) | 82(14) | 2(9) | 17(10) | 23(10) |
| C(12) | 30(10) | 69(16) | 81(15) | −26(12) | 0(9) | −7(9) |

**Tabelle 9.** Daten zur Strukturlösung und -verfeinerung von SnI$_4$ · 1,4-Dithian.

| | |
|---|---|
| Summenformel | C$_4$H$_8$I$_4$S$_2$Sn |
| Kristallsystem | monoklin |
| Raumgruppe | P2$_1$/n |
| Gitterparameter | $a$ = 7,370(2) Å |
| | $b$ = 12,780(3) Å |
| | $c$ = 7,929(2) Å |
| | $\beta$ = 114,77(3) ° |
| | $V$ = 678(1) Å$^3$ |
| Zahl der Formeleinheiten | $Z$ = 2 |
| Berechnete Dichte | $\rho$ = 3,656 g · cm$^{-3}$ |
| Messanordnung | Bildplattendiffraktometer vom Typ IPDS II der Firma STOE; Graphitmonochromator; $\lambda$(MoK$_\alpha$) = 0,71073 Å; T = 200 K |
| Messbereich | 2,29 ° $\leq 2\theta \leq$ 59,53 ° |
| | $-9 \leq h \leq 8$, $0 \leq k \leq 17$, $0 \leq l \leq 10$ |
| Absorptionskoeffizient | $\mu$ = 11,250 cm$^{-1}$ |
| Reflexanzahl | 6520 gemessen (davon 1660 unabhängig) |
| Mittelung | $R_{int}$ = 0,079 |
| Strukturverfeinerung | Methode der kleinsten Fehlerquadrate, vollständige Matrix; Basis: F$_0^2$-Werte, anisotrope Temperaturfaktoren; |
| Anzahl der freien Parameter | 54 |
| Restelektronendichte | $-1,498$ bis 0,916 e/Å$^3$ |
| Gütewerte der Verfeinerung | $R1$ = 0,0310 |
| | $R1$ (I $\geq 2\sigma_I$) = 0,0293 |
| | $wR2$ = 0,0792 |

**Tabelle 10.** Ortsparameter (· 10$^{-4}$) und isotrope Auslenkungsparameter $U_{eq}$ (· 10$^{-3}$) für SnI$_4$ · 1,4-Dithian.

| Atom | $x$ | $y$ | $z$ | $U_{eq}$ |
|---|---|---|---|---|
| I(1) | 548(1) | 1689(1) | $-1937(1)$ | 33(1) |
| I(2) | $-1937(1)$ | 1291(1) | 1567(1) | 31(1) |
| Sn(1) | 0 | 0 | 0 | 22(1) |
| S(1) | 3626(2) | 443(1) | 2784(2) | 27(1) |
| C(1) | 4926(7) | $-786(4)$ | 3431(6) | 30(1) |
| C(2) | 3148(8) | 689(4) | 4810(6) | 31(1) |

**Tabelle 11.** Anisotrope Auslenkungsparameter ($\cdot\ 10^{-3}$) für $SnI_4 \cdot$ 1,4-Dithian.

| Atom | $U_{11}$ | $U_{22}$ | $U_{33}$ | $U_{23}$ | $U_{13}$ | $U_{12}$ |
|---|---|---|---|---|---|---|
| I(1) | 39(1) | 27(1) | 36(1) | 7(1) | 19(1) | –1(1) |
| I(2) | 32(1) | 33(1) | 29(1) | –3(1) | 14(1) | 7(1) |
| Sn(1) | 24(1) | 20(1) | 21(1) | 0(1) | 10(1) | 1(1) |
| S(1) | 26(1) | 28(1) | 25(1) | 0(1) | 8(1) | –1(1) |
| C(1) | 32(2) | 30(2) | 23(2) | –6(2) | 6(2) | 5(2) |
| C(2) | 29(2) | 35(2) | 24(2) | –3(2) | 5(2) | 7(2) |

**Tabelle 12.** Daten zur Strukturlösung und -verfeinerung von $CdI_2(18Krone-6) \cdot 2\ I_2$.

| | |
|---|---|
| Summenformel | $C_{48}H_{96}O_{24}Cd_4I_{24}$ |
| Kristallsystem | monoklin |
| Raumgruppe | $C2/c$ |
| Gitterparameter | $a = 12{,}591(3)$ Å |
| | $b = 10{,}137(2)$ Å |
| | $c = 20{,}637(4)$ Å |
| | $\beta = 95{,}47(3)$ ° |
| | $V = 2622(1)$ Å$^3$ |
| Zahl der Formeleinheiten | $Z = 4$ |
| Berechnete Dichte | $\rho = 2{,}88$ g $\cdot$ cm$^{-3}$ |
| Messanordnung | Bildplattendiffraktometer vom Typ IPDS II der Firma STOE; Graphitmonochromator; $\lambda(MoK_\alpha) = 0{,}71073$ Å; T = 200 K |
| Messbereich | °$2{,}0 \leq 2\theta \leq 58{,}4$° |
| | $-17 \leq h \leq 17, -13 \leq k \leq 13, -28 \leq l \leq 26$ |
| Absorptionskoeffizient | $\mu = 7{,}94$ cm$^{-1}$ |
| Reflexanzahl | 11276 gemessen (davon 3536 unabhängig) |
| Mittelung | $R_{int} = 0{,}044$ |
| Strukturverfeinerung | Methode der kleinsten Fehlerquadrate, vollständige Matrix; Basis: $F_0^2$-Werte, anisotrope Temperaturfaktoren; |
| Anzahl der freien Parameter | 117 |
| Restelektronendichte | –1,54 bis 2,03 e/Å$^3$ |
| Gütewerte der Verfeinerung | $R1 = 0{,}060$ |
| | $R1\ (I \geq 2\sigma_I) = 0{,}047$ |
| | $wR2 = 0{,}137$ |

**Tabelle 13.** Ortsparameter ($\cdot\ 10^{-4}$) und isotrope Auslenkungsparameter $U_{eq}$ ($\cdot\ 10^{-3}$) für $CdI_2(18Krone-6) \cdot 2\ I_2$.

| Atom | x | y | z | $U_{eq}$ |
|---|---|---|---|---|
| I(1) | 1923(1) | 891(1) | 5495(1) | 48(1) |
| I(2) | 1700(1) | 3035(1) | 6625(1) | 54(1) |
| I(3) | 1780(1) | 4866(1) | 7601(1) | 67(1) |
| Cd(1) | 0 | 0 | 5000 | 50(1) |
| O(1) | 400(4) | 994(4) | 3834(2) | 46(1) |
| O(2) | −765(4) | 1606(4) | 5860(2) | 46(1) |
| O(3) | 718(4) | −2533(4) | 5378(2) | 45(1) |
| C(1) | 523(6) | 44(7) | 3345(3) | 50(1) |
| C(2) | −1248(6) | 1007(8) | 6379(3) | 55(2) |
| C(3) | 209(6) | −3093(7) | 5895(3) | 51(2) |
| C(4) | −214(7) | 2077(7) | 3579(4) | 56(2) |
| C(5) | 698(6) | −3426(6) | 4844(3) | 49(1) |
| C(6) | −1295(6) | 2793(7) | 5661(3) | 49(1) |

**Tabelle 14.** Anisotrope Auslenkungsparameter ($\cdot\ 10^{-3}$) für $CdI_2(18Krone-6) \cdot 2\ I_2$.

| Atom | $U_{11}$ | $U_{22}$ | $U_{33}$ | $U_{23}$ | $U_{13}$ | $U_{12}$ |
|---|---|---|---|---|---|---|
| I(1) | 40(1) | 46(1) | 58(1) | −6(1) | 2(1) | −3(1) |
| I(2) | 57(1) | 47(1) | 56(1) | 5(1) | −6(1) | −9(1) |
| I(3) | 75(1) | 71(1) | 55(1) | −9(1) | 14(1) | −9(1) |
| Cd(1) | 43(1) | 59(1) | 48(1) | −8(1) | 3(1) | −11(1) |
| O(1) | 54(2) | 46(2) | 38(2) | 1(2) | 5(2) | 2(2) |
| O(2) | 52(2) | 41(2) | 46(2) | 2(2) | 14(2) | 4(2) |
| O(3) | 51(2) | 42(2) | 44(2) | −2(2) | 10(2) | 0(2) |
| C(1) | 63(4) | 52(3) | 34(3) | −3(2) | 7(3) | −5(3) |
| C(2) | 61(4) | 60(4) | 47(3) | 0(3) | 20(3) | −1(3) |
| C(3) | 58(4) | 46(3) | 51(3) | 12(3) | 13(3) | 3(3) |
| C(4) | 66(4) | 55(4) | 47(3) | 13(3) | 9(3) | 6(3) |
| C(5) | 56(4) | 38(3) | 53(3) | −2(3) | 3(3) | 1(3) |
| C(6) | 56(4) | 47(3) | 46(3) | −5(3) | 9(3) | 11(3) |

**Tabelle 15.** Daten zur Strukturlösung und -verfeinerung von $[ZnI(18\text{-Krone-}6)][N(Tf)_2]$.

| | |
|---|---|
| Summenformel | $C_{14}H_{24}F_6INO_{10}S_2Zn$ |
| Kristallsystem | monoklin |
| Raumgruppe | $P2_1/m$ |
| Gitterparameter | $a = 7{,}901(2)$ Å |
| | $b = 21{,}548(4)$ Å |
| | $c = 8{,}136(2)$ Å |
| | $\beta = 118{,}41(3)\ °$ |
| | $V = 1218(1)$ Å$^3$ |

| Zahl der Formeleinheiten | $Z = 2$ |
|---|---|
| Berechnete Dichte | $\rho = 2{,}008$ g · cm$^{-3}$ |
| Messanordnung | Bildplattendiffraktometer vom Typ IPDS II der Firma STOE; Graphitmonochromator; $\lambda(\text{MoK}_\alpha) = 0{,}71073$ Å; T = 200 K |
| Messbereich | $3{,}78° \leq 2\theta \leq 59{,}76°$ $-10 \leq h \leq 9, 0 \leq k \leq 28, 0 \leq l \leq 10$ |
| Absorptionskoeffizient | $\mu = 2{,}542$ cm$^{-1}$ |
| Reflexanzahl | 11821 gemessen (davon 3090 unabhängig) |
| Mittelung | $R_{int} = 0{,}0867$ |
| Strukturverfeinerung | Methode der kleinsten Fehlerquadrate, vollständige Matrix; Basis: $F_0^2$-Werte, anisotrope Temperaturfaktoren; |
| Anzahl der freien Parameter | 216 |
| Restelektronendichte | $-1{,}594$ bis $0{,}985$ e/Å$^3$ |
| Gütewerte der Verfeinerung | $R1 = 0{,}0594$ $R1\ (I \geq 2\sigma_I) = 0{,}0521$ $wR2 = 0{,}1521$ |

**Tabelle 16.** Ortsparameter ($\cdot\ 10^{-4}$) und isotrope Auslenkungsparameter $U_{eq}$ ($\cdot\ 10^{-3}$) für [ZnI(18-Krone-6)][N(Tf)$_2$].

| Atom | x | y | z | $U_{eq}$ |
|---|---|---|---|---|
| I(1) | 3554(1) | 2500 | 6453(1) | 61(1) |
| Zn(1) | 4042(1) | 2500 | 9791(1) | 44(1) |
| S(1) | 6812(3) | 177(1) | 6395(2) | 74(1) |
| F(1A) | 8110(30) | −573(7) | 4624(18) | 93(5) |
| F(1B) | 8480(30) | −352(10) | 4890(30) | 121(6) |
| F(2A) | 8733(15) | −926(4) | 7313(15) | 95(2) |
| F(2B) | 7244(15) | −955(4) | 6143(18) | 112(3) |
| F(3A) | 369(9) | −198(4) | 7101(12) | 80(2) |
| F(3B) | 9640(13) | −440(6) | 7873(17) | 120(3) |
| O(1) | 5189(6) | 2500 | 2685(6) | 46(1) |
| O(2) | 6742(6) | 1760(2) | 1051(6) | 73(1) |
| O(3) | 3119(6) | 1529(2) | 9797(5) | 66(1) |
| O(4) | 948(7) | 2500 | 9130(8) | 70(1) |
| O(5A) | 7603(18) | 745(6) | 6470(20) | 104(5) |
| O(5B) | 7089(14) | 658(5) | 5471(17) | 79(3) |
| O(6A) | 7861(12) | 227(5) | 8516(12) | 79(2) |
| O(6B) | 5987(13) | 38(5) | 7612(11) | 82(2) |
| N(1) | 5115(12) | −197(4) | 5824(12) | 62(2) |
| C(1) | 8397(12) | −413(4) | 6328(10) | 89(2) |
| C(2) | 6122(10) | 1936(3) | 3592(7) | 77(2) |
| C(3) | 7591(10) | 1741(5) | 2995(9) | 97(2) |
| C(4) | 6103(15) | 1210(5) | 164(19) | 150(5) |
| C(5) | 4208(14) | 1031(3) | 9686(12) | 100(2) |

| | | | | |
|---|---|---|---|---|
| C(6) | 1129(10) | 1420(4) | 8976(9) | 88(2) |
| C(7) | 313(8) | 1937(4) | 9573(10) | 94(2) |

Tabelle 17. Anisotrope Auslenkungsparameter ($\cdot 10^{-3}$) für [ZnI(18-Krone-6)][N(Tf)$_2$].

| Atom | $U_{11}$ | $U_{22}$ | $U_{33}$ | $U_{23}$ | $U_{13}$ | $U_{12}$ |
|---|---|---|---|---|---|---|
| I(1)   | 76(1)   | 65(1)   | 52(1)   | 0      | 39(1)  | 0      |
| Zn(1)  | 45(1)   | 47(1)   | 44(1)   | 0      | 23(1)  | 0      |
| S(1)   | 96(1)   | 55(1)   | 77(1)   | −14(1) | 46(1)  | −20(1) |
| F(1A)  | 109(10) | 105(9)  | 61(5)   | −22(5) | 38(5)  | 24(7)  |
| F(1B)  | 89(7)   | 163(16) | 128(8)  | −36(10)| 66(6)  | −14(9) |
| F(2A)  | 104(6)  | 65(4)   | 123(7)  | 34(4)  | 60(5)  | 21(4)  |
| F(2B)  | 96(5)   | 56(4)   | 185(11) | −3(5)  | 69(6)  | 14(4)  |
| F(3A)  | 55(3)   | 88(5)   | 93(5)   | 6(4)   | 33(3)  | 7(3)   |
| F(3B)  | 68(5)   | 133(8)  | 122(7)  | 27(6)  | 16(4)  | 11(4)  |
| O(1)   | 50(2)   | 50(2)   | 42(2)   | 0      | 24(2)  | 0      |
| O(2)   | 76(2)   | 87(3)   | 65(2)   | −7(2)  | 42(2)  | 11(2)  |
| O(3)   | 73(2)   | 56(2)   | 65(2)   | −4(2)  | 29(2)  | −17(2) |
| O(4)   | 45(2)   | 101(4)  | 75(3)   | 0      | 38(2)  | 0      |
| O(5A)  | 71(7)   | 61(6)   | 123(10) | 0(7)   | 0(6)   | −29(5) |
| O(5B)  | 57(5)   | 55(5)   | 103(8)  | 16(5)  | 20(5)  | −6(4)  |
| O(6A)  | 65(4)   | 105(7)  | 64(4)   | −20(4) | 29(3)  | 1(4)   |
| O(6B)  | 83(5)   | 105(7)  | 48(4)   | −2(4)  | 21(3)  | 7(5)   |
| N(1)   | 51(4)   | 72(5)   | 57(4)   | 8(4)   | 22(3)  | −12(4) |
| C(1)   | 111(5)  | 73(4)   | 69(4)   | 1(3)   | 31(4)  | 5(4)   |
| C(2)   | 102(4)  | 80(4)   | 51(3)   | 17(2)  | 39(3)  | 42(3)  |
| C(3)   | 79(4)   | 135(7)  | 70(4)   | −6(4)  | 29(3)  | 44(4)  |
| C(4)   | 116(7)  | 111(7)  | 212(13) | −66(8) | 69(7)  | 31(6)  |
| C(5)   | 150(7)  | 51(3)   | 109(6)  | −21(3) | 70(5)  | −6(4)  |
| C(6)   | 85(4)   | 106(5)  | 67(3)   | −15(3) | 32(3)  | −52(4) |
| C(7)   | 57(3)   | 148(7)  | 85(4)   | 9(4)   | 40(3)  | −31(4) |

Tabelle 18. Daten zur Strukturlösung und -verfeinerung von [(Ph)$_3$PBr][Br$_7$].

| | |
|---|---|
| Summenformel | C$_{18}$H$_{15}$ Br$_8$P |
| Kristallsystem | monoklin |
| Raumgruppe | $P2_1$ |
| Gitterparameter | $a$ = 10,625(2) Å |
| | $b$ = 12,091(3) Å |
| | $c$ = 10,732(2) Å |
| | $\beta$ = 115,23(3) ° |
| | $V$ = 1247(1) Å$^3$ |
| Zahl der Formeleinheiten | $Z$ = 2 |
| Berechnete Dichte | $\rho$ = 2,401 g $\cdot$ cm$^{-3}$ |

| Messanordnung | Bildplattendiffraktometer vom Typ IPDS II der Firma STOE; Graphitmonochromator; $\lambda(MoK_\alpha) = 0{,}71073$ Å; T = 200 K |
|---|---|
| Messbereich | $4{,}2° \leq 2\theta \leq 52{,}8°$ |
| | $-13 \leq h \leq 13, -13 \leq k \leq 15, -13 \leq l \leq 12$ |
| Absorptionskoeffizient | $\mu = 12{,}93$ cm$^{-1}$ |
| Reflexanzahl | 9410 gemessen (davon 4572 unabhängig) |
| Mittelung | $R_{int} = 0{,}125$ |
| Strukturverfeinerung | Methode der kleinsten Fehlerquadrate, vollständige Matrix; Basis: $F_0^2$-Werte, anisotrope Temperaturfaktoren; |
| Anzahl der freien Parameter | 246 |
| Restelektronendichte | $-1{,}00$ bis $1{,}25$ e/Å$^3$ |
| Gütewerte der Verfeinerung | $R1 = 0{,}072$ |
| | $R1\ (I \geq 2\sigma_I) = 0{,}056$ |
| | $wR2 = 0{,}142$ |

**Tabelle 19.** Ortsparameter ($\cdot\ 10^{-4}$) und isotrope Auslenkungsparameter $U_{eq}$ ($\cdot\ 10^{-3}$) für [(Ph)$_3$PBr][Br$_7$].

| Atom | x | y | z | $U_{eq}$ |
|---|---|---|---|---|
| Br(1) | 4032(1) | 5643(1) | 5631(1) | 62(1) |
| Br(2) | 822(1) | 5694(1) | 5899(1) | 68(1) |
| Br(3) | 574(1) | 5867(1) | 1578(1) | 64(1) |
| Br(4) | 1164(1) | 5034(1) | −68(1) | 59(1) |
| Br(5) | 4503(1) | 5257(1) | −719(1) | 72(1) |
| Br(6) | −123(1) | 7005(1) | 4112(2) | 77(1) |
| Br(7) | 8045(2) | 8989(1) | 2033(2) | 84(1) |
| Br(8) | 6544(2) | 6263(2) | 436(2) | 109(1) |
| P(1) | 5179(2) | 6274(2) | 4568(3) | 39(1) |
| C(1) | 5657(8) | 5146(8) | 3800(9) | 36(2) |
| C(2) | 4087(9) | 7202(9) | 3285(10) | 44(2) |
| C(3) | 6675(9) | 6951(8) | 5787(10) | 41(2) |
| C(4) | 5017(13) | 3570(11) | 2320(13) | 60(3) |
| C(5) | 7055(10) | 4971(10) | 4082(12) | 52(2) |
| C(6) | 2413(12) | 8657(10) | 2612(14) | 59(3) |
| C(7) | 7272(13) | 6672(10) | 7176(11) | 56(3) |
| C(8) | 4124(12) | 7243(10) | 2050(13) | 57(3) |
| C(9) | 8472(11) | 8280(11) | 6202(14) | 62(3) |
| C(10) | 2429(13) | 8692(10) | 1329(15) | 65(3) |
| C(11) | 7284(10) | 7766(9) | 5312(12) | 47(2) |
| C(12) | 4643(11) | 4440(9) | 2911(13) | 51(2) |
| C(13) | 3200(11) | 7922(9) | 3576(13) | 50(2) |
| C(14) | 6377(14) | 3404(10) | 2642(12) | 60(3) |
| C(15) | 3314(14) | 7994(11) | 1085(15) | 68(3) |
| C(16) | 9078(12) | 7981(11) | 7568(14) | 64(3) |
| C(17) | 8471(14) | 7180(12) | 8024(14) | 74(4) |
| C(18) | 7382(12) | 4105(10) | 3482(14) | 59(3) |

**Tabelle 20.** Anisotrope Auslenkungsparameter ($\cdot\ 10^{-3}$) für [(Ph)$_3$PBr][Br$_7$].

| Atom | $U_{11}$ | $U_{22}$ | $U_{33}$ | $U_{23}$ | $U_{13}$ | $U_{12}$ |
|---|---|---|---|---|---|---|
| Br(1) | 70(1) | 64(1) | 76(1) | 6(1) | 53(1) | −5(1) |
| Br(2) | 46(1) | 94(1) | 72(1) | −24(1) | 33(1) | −13(1) |
| Br(3) | 57(1) | 66(1) | 61(1) | 5(1) | 19(1) | −1(1) |
| Br(4) | 47(1) | 60(1) | 58(1) | 4(1) | 11(1) | −3(1) |
| Br(5) | 82(1) | 90(1) | 58(1) | 22(1) | 41(1) | 30(1) |
| Br(6) | 74(1) | 96(1) | 74(1) | −12(1) | 45(1) | −19(1) |
| Br(7) | 96(1) | 75(1) | 74(1) | 12(1) | 29(1) | −10(1) |
| Br(8) | 76(1) | 173(2) | 86(1) | 37(1) | 43(1) | −5(1) |
| P(1) | 38(1) | 42(1) | 45(1) | 3(1) | 23(1) | 2(1) |
| C(1) | 37(4) | 38(4) | 32(4) | 7(4) | 16(3) | 2(3) |
| C(2) | 37(4) | 52(6) | 45(5) | −1(5) | 19(4) | 4(4) |
| C(3) | 42(4) | 43(5) | 43(5) | 0(4) | 21(4) | 4(4) |
| C(4) | 66(6) | 62(7) | 50(6) | −9(6) | 22(5) | −13(5) |
| C(5) | 50(5) | 60(6) | 59(6) | 10(6) | 35(5) | 7(5) |
| C(6) | 54(6) | 51(6) | 65(7) | −2(6) | 17(5) | 12(5) |
| C(7) | 74(7) | 50(6) | 40(5) | 18(5) | 21(5) | 11(5) |
| C(8) | 61(6) | 58(7) | 62(7) | 5(6) | 36(6) | 13(5) |
| C(9) | 45(5) | 62(7) | 69(7) | −12(6) | 16(5) | −13(5) |
| C(10) | 61(6) | 48(6) | 66(8) | 11(6) | 9(6) | 13(5) |
| C(11) | 40(4) | 51(6) | 50(6) | −5(5) | 20(4) | −1(4) |
| C(12) | 46(5) | 43(5) | 57(6) | 8(5) | 13(5) | −1(4) |
| C(13) | 51(5) | 49(6) | 55(6) | −4(5) | 26(5) | 8(4) |
| C(14) | 94(8) | 50(6) | 47(6) | 7(5) | 39(6) | 9(6) |
| C(15) | 81(8) | 62(7) | 60(7) | 11(6) | 29(6) | 12(6) |
| C(16) | 55(6) | 63(7) | 59(7) | −3(6) | 9(5) | 6(5) |
| C(17) | 74(7) | 67(8) | 49(6) | 4(6) | −4(6) | 16(6) |
| C(18) | 63(6) | 52(6) | 78(8) | 6(6) | 45(6) | 6(5) |

**Tabelle 21.** Daten zur Strukturlösung und -verfeinerung von [(Bz)(Ph)$_3$P]$_2$[Br$_8$].

| | |
|---|---|
| Summenformel | C$_{25}$H$_{22}$Br$_4$P |
| Kristallsystem | triklin |
| Raumgruppe | $P\bar{1}$ |
| Gitterparameter | $a$ = 9,045(2) Å |
| | $b$ = 9,643(2) Å |
| | $c$ = 14,348(3) Å |
| | $\alpha$ = 103,77(3) ° |
| | $\beta$ = 93,72(3) ° |
| | $\gamma$ = 93,73(3) ° |
| | $V$ = 1209(1) Å$^3$ |

| | |
|---|---|
| Zahl der Formeleinheiten | $Z = 2$ |
| Berechnete Dichte | $\rho = 1{,}849 \text{ g} \cdot \text{cm}^{-3}$ |
| Messanordnung | Bildplattendiffraktometer vom Typ IPDS II der Firma STOE; Graphitmonochromator; $\lambda(\text{MoK}_\alpha) = 0{,}71073$ Å; $T = 200$ K |
| Messbereich | $4{,}4° \leq 2\theta \leq 52{,}7°$ $-11 \leq h11 \leq, -12 \leq k \leq 12, 0 \leq l \leq 17$ |
| Absorptionskoeffizient | $\mu = 6{,}74 \text{ cm}^{-1}$ |
| Reflexanzahl | 4614 gemessen (3651 davon unabhängig) |
| Mittelung | $R_{int} = 0{,}048$ |
| Strukturverfeinerung | Methode der kleinsten Fehlerquadrate, vollständige Matrix; Basis: $F_0^2$-Werte, anisotrope Temperaturfaktoren; |
| Anzahl der freien Parameter | 274 |
| Restelektronendichte | $-0{,}618$ bis $0{,}645$ e/Å$^3$ |
| Gütewerte der Verfeinerung | $R1 = 0{,}051$ $R1\,(I \geq 2\sigma_I) = 0{,}037$ $wR2 = 0{,}100$ |

**Tabelle 22.** Ortsparameter ($\cdot\,10^{-4}$) und isotrope Auslenkungsparameter $U_{eq}$ ($\cdot\,10^{-3}$) für [(Bz)(Ph)$_3$P]$_2$[Br$_8$].

| Atom | x | y | z | $U_{eq}$ |
|---|---|---|---|---|
| Br(1) | 3441(1) | 7336(1) | 4428(1) | 51(1) |
| Br(2) | 2108(1) | 6231(1) | 2797(1) | 43(1) |
| Br(3) | 808(1) | 5053(1) | 1186(1) | 57(1) |
| Br(4) | 3883(1) | 5027(1) | 347(1) | 57(1) |
| P(1) | 4083(1) | 1288(1) | 2891(1) | 32(1) |
| C(1) | 5048(4) | 17(4) | 3364(3) | 37(1) |
| C(2) | 6398(4) | −495(4) | 2898(3) | 34(1) |
| C(3) | 7717(4) | 318(5) | 3121(3) | 45(1) |
| C(4) | 8975(4) | −177(5) | 2721(4) | 50(1) |
| C(5) | 8939(5) | −1482(5) | 2113(3) | 45(1) |
| C(6) | 7646(5) | −2298(5) | 1892(4) | 48(1) |
| C(7) | 6377(5) | −1809(4) | 2282(3) | 44(1) |
| C(8) | 5313(4) | 2738(4) | 2857(3) | 34(1) |
| C(9) | 5429(4) | 3960(4) | 3579(3) | 41(1) |
| C(10) | 6494(5) | 5008(4) | 3587(4) | 50(1) |
| C(11) | 7434(5) | 4844(5) | 2874(4) | 51(1) |
| C(12) | 7313(5) | 3655(5) | 2146(4) | 56(1) |
| C(13) | 6251(5) | 2588(5) | 2129(4) | 51(1) |
| C(14) | 3258(4) | 554(4) | 1713(3) | 35(1) |
| C(15) | 2820(4) | −864(4) | 1396(3) | 43(1) |
| C(16) | 2107(5) | −1382(5) | 492(4) | 52(1) |
| C(17) | 1828(6) | −493(6) | −81(4) | 59(1) |
| C(18) | 2232(7) | 908(6) | 231(4) | 72(2) |
| C(19) | 2955(6) | 1434(5) | 1120(4) | 60(1) |

| | | | | |
|---|---|---|---|---|
| C(20) | 2681(4) | 1876(4) | 3675(3) | 34(1) |
| C(21) | 1814(4) | 2912(4) | 3490(4) | 45(1) |
| C(22) | 710(5) | 3367(5) | 4064(4) | 54(1) |
| C(23) | 447(4) | 2790(5) | 4818(4) | 51(1) |
| C(24) | 1293(5) | 1763(5) | 5004(3) | 49(1) |
| C(25) | 2408(4) | 1282(4) | 4427(3) | 43(1) |

**Tabelle 23.** Anisotrope Auslenkungsparameter ($\cdot\ 10^{-3}$) für [(Bz)(Ph)$_3$P]$_2$[Br$_8$].

| Atom | $U_{11}$ | $U_{22}$ | $U_{33}$ | $U_{23}$ | $U_{13}$ | $U_{12}$ |
|---|---|---|---|---|---|---|
| Br(1) | 54(1) | 52(1) | 48(1) | 13(1) | 11(1) | 3(1) |
| Br(2) | 44(1) | 41(1) | 51(1) | 19(1) | 17(1) | 8(1) |
| Br(3) | 48(1) | 66(1) | 54(1) | 10(1) | 10(1) | 1(1) |
| Br(4) | 72(1) | 45(1) | 51(1) | 1(1) | 15(1) | 2(1) |
| P(1) | 31(1) | 30(1) | 37(1) | 11(1) | 6(1) | 3(1) |
| C(1) | 33(2) | 38(2) | 42(2) | 15(2) | 3(2) | 4(2) |
| C(2) | 32(2) | 37(2) | 36(2) | 13(2) | 3(2) | 7(1) |
| C(3) | 38(2) | 44(2) | 47(3) | −1(2) | 0(2) | 5(2) |
| C(4) | 31(2) | 57(3) | 57(3) | 8(2) | 3(2) | 2(2) |
| C(5) | 41(2) | 56(2) | 44(3) | 14(2) | 10(2) | 19(2) |
| C(6) | 53(2) | 43(2) | 48(3) | 5(2) | 6(2) | 16(2) |
| C(7) | 43(2) | 34(2) | 53(3) | 7(2) | 1(2) | 4(2) |
| C(8) | 34(2) | 35(2) | 36(2) | 14(2) | 6(2) | 2(1) |
| C(9) | 41(2) | 36(2) | 46(3) | 9(2) | 9(2) | 0(2) |
| C(10) | 49(2) | 37(2) | 61(3) | 5(2) | 4(2) | −5(2) |
| C(11) | 42(2) | 48(2) | 66(3) | 25(2) | 2(2) | −9(2) |
| C(12) | 53(3) | 59(3) | 59(3) | 20(3) | 19(2) | −8(2) |
| C(13) | 58(3) | 47(2) | 50(3) | 12(2) | 19(2) | −5(2) |
| C(14) | 33(2) | 38(2) | 36(2) | 13(2) | 4(2) | 1(1) |
| C(15) | 45(2) | 39(2) | 43(3) | 10(2) | 4(2) | 2(2) |
| C(16) | 55(3) | 48(2) | 50(3) | 2(2) | 2(2) | 4(2) |
| C(17) | 58(3) | 75(3) | 38(3) | 7(2) | −5(2) | 5(2) |
| C(18) | 95(4) | 68(3) | 55(4) | 31(3) | −20(3) | −4(3) |
| C(19) | 81(3) | 46(2) | 53(3) | 21(2) | −14(3) | −6(2) |
| C(20) | 29(2) | 32(2) | 42(2) | 10(2) | 5(2) | 1(1) |
| C(21) | 38(2) | 39(2) | 63(3) | 17(2) | 10(2) | 7(2) |
| C(22) | 41(2) | 46(2) | 75(4) | 12(2) | 15(2) | 14(2) |
| C(23) | 35(2) | 49(2) | 58(3) | −8(2) | 13(2) | 0(2) |
| C(24) | 44(2) | 57(3) | 43(3) | 7(2) | 16(2) | −1(2) |
| C(25) | 39(2) | 44(2) | 47(3) | 13(2) | 7(2) | 4(2) |

**Tabelle 24.** Daten zur Strukturlösung und -verfeinerung von [($n$-Bu)$_3$MeN]$_2$[Br$_{20}$].

| | |
|---|---|
| Summenformel | C$_{13}$H$_{30}$Br$_{10}$N |
| Kristallsystem | monoklin |
| Raumgruppe | $C2/c$ |

| | |
|---|---|
| Gitterparameter | $a = 16{,}340(3)$ Å |
| | $b = 10{,}242(2)$ Å |
| | $c = 33{,}154(7)$ Å |
| | $\beta = 96{,}67(3)°$ |
| | $V = 5511(2)$ Å$^3$ |
| Zahl der Formeleinheiten | $Z = 8$ |
| Berechnete Dichte | $\rho = 2{,}409$ g·cm$^{-3}$ |
| Messanordnung | Bildplattendiffraktometer vom Typ IPDS II der Firma STOE; Graphitmonochromator; $\lambda(\text{MoK}_\alpha) = 0{,}71073$ Å; T = 200 K |
| Messbereich | $4{,}7° \leq 2\theta \leq 52{,}8°$ |
| | $-20 \leq h \leq 20,\ 0 \leq k \leq 12,\ -0 \leq l \leq 41$ |
| Absorptionskoeffizient | $\mu = 14{,}543$ cm$^{-1}$ |
| Reflexanzahl | 5626 gemessen (davon 3771 unabhängig) |
| Mittelung | $R_{int} = 0{,}085$ |
| Strukturverfeinerung | Methode der kleinsten Fehlerquadrate, vollständige Matrix; Basis: $F_0^2$-Werte, anisotrope Temperaturfaktoren; |
| Anzahl der freien Parameter | 265 |
| Restelektronendichte | $-0{,}924$ bis $0{,}899$ e/Å$^3$ |
| Gütewerte der Verfeinerung | $R1 = 0{,}084$ |
| | $R1\ (I \geq 2\sigma_I) = 0{,}050$ |
| | $wR2 = 0{,}121$ |

**Tabelle 25.** Ortsparameter ($\cdot\ 10^{-4}$) und isotrope Auslenkungsparameter $U_{eq}$ ($\cdot\ 10^{-3}$) für [($n$-Bu)$_3$MeN]$_2$[Br$_{20}$].

| Atom | x | y | z | $U_{eq}$ |
|---|---|---|---|---|
| Br(1) | 6807(1) | 9270(1) | 3548(1) | 47(1) |
| Br(2) | 1696(1) | 173(1) | 904(1) | 49(1) |
| Br(3) | 541(1) | 894(1) | 492(1) | 56(1) |
| Br(4) | 1539(1) | 7084(1) | 9326(1) | 67(1) |
| Br(5A) | 1495(4) | 8543(11) | 9864(2) | 68(2) |
| Br(5B) | 1275(4) | 7924(10) | 9952(1) | 67(2) |
| Br(6) | 8961(1) | 6473(1) | 1068(1) | 48(1) |
| Br(7) | 9566(1) | 8198(1) | 754(1) | 59(1) |
| Br(8) | 7312(1) | 6033(1) | 2017(1) | 53(1) |
| Br(9) | 5467(1) | 9588(1) | 2794(1) | 48(1) |
| Br(10) | 6598(1) | 7390(1) | 2408(1) | 58(1) |
| N(1) | 6686(4) | −151(7) | 1253(2) | 46(2) |
| C(1) | 6048(6) | −1127(10) | 1344(3) | 62(3) |
| C(2) | 6429(5) | 1193(8) | 1363(2) | 43(2) |
| C(3) | 6433(5) | 1474(8) | 1806(2) | 44(2) |
| C(4) | 5998(5) | 2763(9) | 1868(3) | 51(2) |
| C(5) | 6030(6) | 3148(10) | 2302(3) | 57(2) |
| C(6) | 7502(5) | −556(8) | 1189(2) | 45(2) |

| | | | | |
|---|---|---|---|---|
| C(7) | 8207(5) | 322(9) | 1428(2) | 48(2) |
| C(8) | 8966(5) | −34(9) | 1720(3) | 50(2) |
| C(9) | 9681(6) | 847(10) | 1666(3) | 68(3) |
| C(10A) | 6869(15) | 40(30) | 793(11) | 49(7) |
| C(10B) | 6679(19) | −310(30) | 803(10) | 46(6) |
| C(11A) | 7092(12) | −1253(18) | 590(5) | 54(4) |
| C(11B) | 5886(10) | 26(19) | 564(5) | 49(4) |
| C(12A) | 7161(12) | 8940(20) | 153(5) | 61(5) |
| C(12B) | 5962(11) | −180(20) | 118(5) | 55(5) |

**Tabelle 26.** Anisotrope Auslenkungsparameter ($\cdot\ 10^{-3}$) für [(n-Bu)$_3$MeN]$_2$[Br$_{20}$].

| Atom | $U_{11}$ | $U_{22}$ | $U_{33}$ | $U_{23}$ | $U_{13}$ | $U_{12}$ |
|---|---|---|---|---|---|---|
| Br(1) | 48(1) | 45(1) | 47(1) | 0(1) | −2(1) | −3(1) |
| Br(2) | 44(1) | 48(1) | 54(1) | 1(1) | 1(1) | −1(1) |
| Br(3) | 51(1) | 56(1) | 57(1) | 3(1) | −8(1) | 0(1) |
| Br(4) | 65(1) | 78(1) | 55(1) | −10(1) | −9(1) | 26(1) |
| Br(5A) | 69(2) | 69(4) | 64(2) | −15(2) | −1(2) | 13(2) |
| Br(5B) | 70(2) | 75(4) | 56(1) | −10(2) | 2(1) | 15(2) |
| Br(6) | 40(1) | 49(1) | 55(1) | −2(1) | −1(1) | −1(1) |
| Br(7) | 51(1) | 56(1) | 70(1) | 6(1) | 3(1) | −5(1) |
| Br(8) | 48(1) | 49(1) | 60(1) | −5(1) | 2(1) | 1(1) |
| Br(9) | 41(1) | 52(1) | 51(1) | −4(1) | 5(1) | −1(1) |
| Br(10) | 51(1) | 66(1) | 58(1) | −6(1) | 6(1) | 5(1) |
| N(1) | 46(4) | 47(4) | 43(4) | −5(3) | −2(3) | 12(3) |
| C(1) | 53(5) | 59(6) | 71(6) | −18(5) | −11(4) | 3(4) |
| C(2) | 38(4) | 39(5) | 52(4) | −8(4) | −1(3) | 4(3) |
| C(3) | 44(4) | 46(5) | 45(4) | −2(4) | 14(3) | 5(4) |
| C(4) | 43(4) | 51(5) | 58(5) | −11(4) | −2(4) | 17(4) |
| C(5) | 57(5) | 55(6) | 63(5) | −9(4) | 14(4) | 5(4) |
| C(6) | 42(4) | 40(5) | 49(4) | 12(4) | −5(3) | 13(4) |
| C(7) | 42(4) | 55(5) | 47(4) | 2(4) | −2(3) | 16(4) |
| C(8) | 44(5) | 51(5) | 52(5) | 1(4) | −9(4) | 6(4) |
| C(9) | 53(5) | 58(6) | 86(7) | −10(5) | −19(5) | 3(5) |
| C(10A) | 35(12) | 53(14) | 53(10) | −6(10) | −24(10) | 25(11) |
| C(10B) | 46(11) | 64(16) | 27(7) | −19(9) | 3(7) | −7(10) |
| C(11A) | 67(10) | 43(9) | 50(9) | −8(7) | 0(8) | 1(8) |
| C(11B) | 42(8) | 59(11) | 45(7) | −10(7) | 1(6) | −1(7) |
| C(12A) | 75(12) | 64(12) | 49(10) | 12(8) | 25(9) | 32(10) |
| C(12B) | 50(9) | 73(13) | 40(7) | 5(8) | −3(6) | 6(9) |
| C(13A) | 32(14) | 73(18) | 51(16) | −11(13) | −19(10) | 18(10) |
| C(13B) | 39(9) | 81(14) | 56(9) | 5(9) | −5(7) | −8(9) |

**Tabelle 27.** Daten zur Strukturlösung und -verfeinerung von [C$_4$MPyr]$_2$[Br$_{20}$].

| | |
|---|---|
| Summenformel | C$_9$H$_{20}$Br$_{10}$N |
| Kristallsystem | triklin |

| | |
|---|---|
| Raumgruppe | $P\bar{1}$ |
| Gitterparameter | $a = 8{,}475(2)$ Å |
| | $b = 10{,}992(2)$ Å |
| | $c = 13{,}138(3)$ Å |
| | $\alpha = 88{,}77(3)$ ° |
| | $\beta = 80{,}12(3)$ ° |
| | $\gamma = 75{,}85(2)$ ° |
| | $V = 1169(1)$ Å$^3$ |
| Zahl der Formeleinheiten | $Z = 2$ |
| Berechnete Dichte | $\rho = 2{,}674$ g·cm$^{-3}$ |
| Messanordnung | Bildplattendiffraktometer vom Typ IPDS II der Firma STOE; Graphitmonochromator; $\lambda(\text{MoK}_\alpha) = 0{,}71073$ Å; T = 200 K |
| Messbereich | $3{,}1° \leq 2\theta \leq 58{,}7°$ |
| | $-11 \leq h \leq 11, -15 \leq k \leq 14, -17 \leq l \leq 18$ |
| Absorptionskoeffizient | $\mu = 17{,}127$ cm$^{-1}$ |
| Reflexanzahl | 11446 gemessen (davon 5839 unabhängig) |
| Mittelung | $R_{int} = 0{,}049$ |
| Strukturverfeinerung | Methode der kleinsten Fehlerquadrate, vollständige Matrix; Basis: $F_0^2$-Werte, anisotrope Temperaturfaktoren; |
| Anzahl der freien Parameter | 195 |
| Restelektronendichte | $-0{,}851$ bis $1{,}281$ e/Å$^3$ |
| Gütewerte der Verfeinerung | $R1 = 0{,}081$ |
| | $R1\ (I \geq 2\sigma_I) = 0{,}043$ |
| | $wR2 = 0{,}111$ |

**Tabelle 28.** Ortsparameter (· 10$^{-4}$) und isotrope Auslenkungsparameter $U_{eq}$ (· 10$^{-3}$) für [C$_4$MPyr]$_2$[Br$_{20}$].

| Atom | x | y | z | $U_{eq}$ |
|---|---|---|---|---|
| Br(1) | 2797(1) | 2343(1) | 7683(1) | 44(1) |
| Br(2) | 780(1) | 4235(1) | 9394(1) | 59(1) |
| Br(3) | 6611(1) | 22(1) | 3433(1) | 52(1) |
| Br(4) | 6154(1) | 1906(1) | 4352(1) | 75(1) |
| Br(5) | 2661(1) | 4138(1) | 6018(1) | 48(1) |
| Br(6) | 2771(1) | 5474(1) | 4630(1) | 69(1) |
| Br(7) | 6340(1) | 2626(1) | 7473(1) | 51(1) |
| Br(8) | 9084(1) | 2604(1) | 7468(1) | 51(1) |
| Br(9) | 4347(1) | 630(1) | 9398(1) | 54(1) |
| Br(10) | 9750(1) | 726(1) | 9371(1) | 64(1) |
| N(1) | 1602(8) | 2186(6) | 2683(5) | 56(2) |
| C(1) | −2(14) | 2635(11) | 2337(10) | 96(4) |
| C(2) | 2008(11) | 780(7) | 2770(7) | 63(2) |
| C(3) | 1215(14) | 533(9) | 3814(8) | 77(3) |

| | | | | |
|---|---|---|---|---|
| C(4) | 901(13) | 1713(8) | 4452(7) | 66(2) |
| C(5) | 1480(15) | 2653(9) | 3781(6) | 79(3) |
| C(6) | 3060(14) | 2483(9) | 1982(8) | 85(3) |
| C(7) | 3113(15) | 3780(9) | 1866(8) | 85(3) |
| C(8) | 4537(16) | 3940(11) | 1124(10) | 102(4) |
| C(9) | 6159(28) | 3483(19) | 1225(15) | 163(11) |

**Tabelle 29.** Anisotrope Auslenkungsparameter ($\cdot\ 10^{-3}$) für $[C_4MPyr]_2[Br_{20}]$.

| Atom | $U_{11}$ | $U_{22}$ | $U_{33}$ | $U_{23}$ | $U_{13}$ | $U_{12}$ |
|---|---|---|---|---|---|---|
| Br(1) | 42(1) | 45(1) | 46(1) | 3(1) | −10(1) | −10(1) |
| Br(2) | 72(1) | 49(1) | 58(1) | −5(1) | −23(1) | −7(1) |
| Br(3) | 43(1) | 58(1) | 54(1) | −2(1) | −14(1) | −5(1) |
| Br(4) | 73(1) | 67(1) | 78(1) | −23(1) | −23(1) | 5(1) |
| Br(5) | 52(1) | 43(1) | 47(1) | −3(1) | −8(1) | −9(1) |
| Br(6) | 108(1) | 45(1) | 54(1) | 5(1) | −19(1) | −16(1) |
| Br(7) | 49(1) | 49(1) | 57(1) | 5(1) | −18(1) | −9(1) |
| Br(8) | 50(1) | 55(1) | 52(1) | 9(1) | −13(1) | −18(1) |
| Br(9) | 55(1) | 58(1) | 43(1) | 1(1) | −8(1) | −4(1) |
| Br(10) | 69(1) | 70(1) | 63(1) | 19(1) | −23(1) | −30(1) |
| N(1) | 68(4) | 54(3) | 47(3) | −3(3) | −9(3) | −19(3) |
| C(1) | 102(9) | 90(7) | 99(9) | 2(7) | −46(8) | −8(6) |
| C(2) | 69(5) | 54(4) | 66(5) | −2(4) | −12(5) | −14(4) |
| C(3) | 94(7) | 62(5) | 70(6) | 4(5) | −2(5) | −16(5) |
| C(4) | 87(6) | 60(5) | 51(5) | 1(4) | −15(5) | −17(4) |
| C(5) | 118(8) | 75(6) | 46(5) | −11(4) | 0(5) | −37(6) |
| C(6) | 104(8) | 73(6) | 72(7) | −14(5) | 8(6) | −22(5) |
| C(7) | 107(8) | 81(6) | 70(6) | −5(5) | −7(6) | −34(6) |
| C(8) | 109(10) | 93(8) | 107(10) | 17(7) | 7(8) | −51(7) |
| C(9) | 110(12) | 159(15) | 245(23) | 64(14) | 61(11) | 164(8) |

**Tabelle 30.** Daten zur Strukturlösung und -verfeinerung von $[(Ph)_3PCl]_2[Cl_2I_{14}]$.

| | |
|---|---|
| Summenformel | $C_{18}H_{15}Cl_2I_7P$ |
| Kristallsystem | monoklin |
| Raumgruppe | $P2_1/c$ |
| Gitterparameter | $a = 11{,}505(2)$ Å |
| | $b = 17{,}581(3)$ Å |
| | $c = 17{,}670(6)$ Å |
| | $\beta = 123{,}02(2)$ ° |
| | $V = 2997(1)$ Å$^3$ |
| Zahl der Formeleinheiten | $Z = 4$ |
| Berechnete Dichte | $\rho = 2{,}707$ g $\cdot$ cm$^{-3}$ |
| Messanordnung | Bildplattendiffraktometer vom Typ IPDS II der Firma |

| | |
|---|---|
| | STOE; Graphitmonochromator; |
| | $\lambda(MoK_\alpha) = 0{,}71073$ Å; T = 200 K |
| Messbereich | $3{,}6° \leq 2\theta \leq 56{,}6°$ |
| | $-15 \leq h \leq 15, -23 \leq k \leq 23, -23 \leq l \leq 23$ |
| Absorptionskoeffizient | $\mu = 7{,}487$ cm$^{-1}$ |
| Reflexanzahl | 26655 gemessen (davon 7421 unabhängig) |
| Mittelung | $R_{int} = 0{,}070$ |
| Strukturverfeinerung | Methode der kleinsten Fehlerquadrate, vollständige Matrix; |
| | Basis: $F_0^2$-Werte, anisotrope Temperaturfaktoren; |
| Anzahl der freien Parameter | 273 |
| Restelektronendichte | $-1{,}439$ bis $1{,}388$ e/Å$^3$ |
| Gütewerte der Verfeinerung | $R1 = 0{,}049$ |
| | $R1 \; (I \geq 2\sigma_I) = 0{,}039$ |
| | $wR2 = 0{,}102$ |

**Tabelle 31.** Ortsparameter ($\cdot 10^{-4}$) und isotrope Auslenkungsparameter $U_{eq}$ ($\cdot 10^{-3}$) für [(Ph)$_3$PCl]$_2$[Cl$_2$I$_{14}$].

| Atom | x | y | z | $U_{eq}$ |
|---|---|---|---|---|
| I(1) | −4663(1) | −804(1) | 2639(1) | 47(1) |
| I(2) | −4911(1) | 735(1) | 2579(1) | 44(1) |
| I(3) | −4866(1) | −2417(1) | 790(1) | 51(1) |
| I(4A) | −1656(12) | −2766(6) | 3544(9) | 53(1) |
| I(4B) | −1578(10) | −2800(5) | 3636(8) | 64(1) |
| I(5) | −4846(1) | −2429(1) | −737(1) | 52(1) |
| I(6) | −1113(1) | −345(1) | 4312(1) | 62(1) |
| I(7A) | 1262(8) | −2852(5) | 4526(5) | 68(1) |
| I(7B) | 1103(8) | −2996(6) | 4390(7) | 75(1) |
| Cl(1) | 1397(1) | −419(1) | 1124(1) | 56(1) |
| Cl(2) | −4739(2) | −2563(1) | 2583(1) | 47(1) |
| P(1) | 604(1) | −781(1) | 1814(1) | 40(1) |
| C(1) | 1743(5) | −512(3) | 2952(3) | 44(1) |
| C(2) | 1908(6) | −986(3) | 3617(4) | 53(1) |
| C(3) | 2705(7) | −755(3) | 4510(4) | 61(1) |
| C(4) | 3320(6) | −55(3) | 4717(4) | 57(1) |
| C(5) | 3158(6) | 413(3) | 4046(4) | 59(1) |
| C(6) | 2367(5) | 206(3) | 3166(3) | 48(1) |
| C(7) | −1019(5) | −328(2) | 1334(3) | 41(1) |
| C(8) | −1304(6) | 100(3) | 1871(4) | 55(1) |
| C(9) | −2542(6) | 486(4) | 1487(4) | 64(2) |
| C(10) | −3469(6) | 458(3) | 573(4) | 58(1) |
| C(11) | −3208(6) | 19(3) | 36(4) | 55(1) |
| C(12) | −1975(6) | −374(3) | 415(3) | 50(1) |
| C(13) | 410(5) | −1777(3) | 1675(3) | 44(1) |
| C(14) | −787(6) | −2109(3) | 1516(5) | 63(2) |
| C(15) | −921(8) | −2894(3) | 1411(5) | 77(2) |
| C(16) | 118(8) | −3318(3) | 1451(4) | 72(2) |
| C(17) | 1308(8) | −2985(3) | 1641(5) | 71(2) |

| C(18) | 1476(7) | −2208(3) | 1754(5) | 62(1) |

**Tabelle 32.** Anisotrope Auslenkungsparameter ($\cdot\ 10^{-3}$) für [(Ph)$_3$PCl]$_2$[Cl$_2$I$_{14}$].

| Atom  | $U_{11}$ | $U_{22}$ | $U_{33}$ | $U_{23}$ | $U_{13}$ | $U_{12}$ |
|-------|----------|----------|----------|----------|----------|----------|
| I(1)  | 51(1)    | 36(1)    | 50(1)    | 0(1)     | 24(1)    | 2(1)     |
| I(2)  | 50(1)    | 36(1)    | 50(1)    | −2(1)    | 30(1)    | −1(1)    |
| I(3)  | 63(1)    | 52(1)    | 50(1)    | 0(1)     | 37(1)    | 6(1)     |
| I(4A) | 65(2)    | 42(1)    | 55(2)    | 0(1)     | 36(2)    | −2(1)    |
| I(4B) | 84(3)    | 52(1)    | 78(3)    | −4(1)    | 57(2)    | −6(1)    |
| I(5)  | 65(1)    | 51(1)    | 49(1)    | 2(1)     | 37(1)    | 6(1)     |
| I(6)  | 58(1)    | 68(1)    | 54(1)    | −2(1)    | 27(1)    | −8(1)    |
| I(7A) | 86(2)    | 63(1)    | 74(2)    | 8(1)     | 57(2)    | −5(2)    |
| I(7B) | 70(1)    | 71(2)    | 92(2)    | 22(2)    | 49(1)    | 15(1)    |
| Cl(1) | 54(1)    | 69(1)    | 56(1)    | 9(1)     | 38(1)    | 1(1)     |
| Cl(2) | 71(1)    | 34(1)    | 52(1)    | 1(1)     | 43(1)    | 1(1)     |
| P(1)  | 42(1)    | 40(1)    | 43(1)    | 2(1)     | 26(1)    | 1(1)     |
| C(1)  | 42(2)    | 42(2)    | 46(2)    | 5(2)     | 23(2)    | 5(2)     |
| C(2)  | 64(3)    | 48(2)    | 50(3)    | 3(2)     | 33(2)    | −1(2)    |
| C(3)  | 71(4)    | 63(3)    | 49(3)    | 5(2)     | 31(3)    | 6(3)     |
| C(4)  | 48(3)    | 63(3)    | 51(3)    | −9(2)    | 21(2)    | 8(2)     |
| C(5)  | 45(3)    | 60(3)    | 65(3)    | −12(3)   | 26(2)    | −7(2)    |
| C(6)  | 48(3)    | 43(2)    | 53(3)    | 1(2)     | 27(2)    | −3(2)    |
| C(7)  | 45(2)    | 35(2)    | 47(2)    | 3(2)     | 29(2)    | 0(2)     |
| C(8)  | 50(3)    | 67(3)    | 50(3)    | −9(2)    | 28(2)    | 2(2)     |
| C(9)  | 50(3)    | 67(3)    | 76(4)    | −20(3)   | 35(3)    | 3(2)     |
| C(10) | 46(3)    | 44(2)    | 79(4)    | 0(2)     | 31(3)    | 3(2)     |
| C(11) | 50(3)    | 61(3)    | 47(3)    | 10(2)    | 22(2)    | 3(2)     |
| C(12) | 55(3)    | 52(3)    | 47(2)    | 3(2)     | 31(2)    | 2(2)     |
| C(13) | 46(2)    | 43(2)    | 44(2)    | 0(2)     | 25(2)    | 2(2)     |
| C(14) | 55(3)    | 42(2)    | 87(4)    | 2(3)     | 37(3)    | 4(2)     |
| C(15) | 72(4)    | 40(3)    | 104(5)   | 4(3)     | 38(4)    | −8(3)    |
| C(16) | 98(5)    | 40(3)    | 63(3)    | 0(2)     | 35(3)    | 12(3)    |
| C(17) | 91(5)    | 54(3)    | 88(4)    | 15(3)    | 61(4)    | 25(3)    |
| C(18) | 59(3)    | 60(3)    | 80(4)    | 9(3)     | 46(3)    | 15(3)    |

**Tabelle 33.** Daten zur Strukturlösung und -verfeinerung von [C$_2$MPyr]$_2$[(Br)$_7$(Br)$_7$].

| | |
|---|---|
| Summenformel | C$_{14}$H$_{32}$Br$_{14}$N$_2$ |
| Kristallsystem | orthorhombisch |
| Raumgruppe | *Pbca* |
| Gitterparameter | $a = 23{,}914(5)$ Å |
| | $b = 10{,}156(2)$ Å |
| | $c = 28{,}374(6)$ Å |
| | $V = 6891(2)$ Å$^3$ |

| | |
|---|---|
| Zahl der Formeleinheiten | $Z = 8$ |
| Berechnete Dichte | $\rho = 2{,}597 \text{ g} \cdot \text{cm}^{-3}$ |
| Messanordnung | Bildplattendiffraktometer vom Typ IPDS II der Firma STOE; Graphitmonochromator; $\lambda(\text{MoK}_\alpha) = 0{,}71073$ Å; $T = 200$ K |
| Messbereich | $2{,}0° \leq 2\theta \leq 52{,}8°$ $-29 \leq h \leq 29, -12 \leq k \leq 12, -33 \leq l \leq 35$ |
| Absorptionskoeffizient | $\mu = 16{,}278 \text{ cm}^{-1}$ |
| Reflexanzahl | 49570 gemessen (davon 7041 unabhängig) |
| Mittelung | $R_{int} = 0{,}2830$ |
| Strukturverfeinerung | Methode der kleinsten Fehlerquadrate, vollständige Matrix; Basis: $F_0^2$-Werte, anisotrope Temperaturfaktoren; |
| Anzahl der freien Parameter | 273 |
| Restelektronendichte | $-1{,}689$ bis $1{,}624$ e/Å$^3$ |
| Gütewerte der Verfeinerung | $R1 = 0{,}0987$ $R1 \, (I \geq 2\sigma_I) = 0{,}2571$ $wR2 = 0{,}2643$ |

**Tabelle 34.** Ortsparameter ($\cdot 10^{-4}$) und isotrope Auslenkungsparameter $U_{eq}$ ($\cdot 10^{-3}$) für [C$_2$MPyr]$_2$[(Br)$_7$(Br)$_7$].

| Atom | $x$ | $y$ | $z$ | $U_{eq}$ |
|---|---|---|---|---|
| Br(1) | −1071(1) | 7985(3) | −3463(1) | 59(1) |
| Br(2) | 276(1) | 10731(3) | −1496(1) | 59(1) |
| Br(3) | −391(1) | 9066(3) | −1518(1) | 69(1) |
| Br(4) | −1246(1) | 7354(3) | −2524(1) | 54(1) |
| Br(5) | −1393(2) | 6716(4) | −1733(1) | 91(1) |
| Br(6) | −2079(1) | −199(3) | −3523(1) | 57(1) |
| Br(7) | −2871(1) | 1166(3) | −3508(1) | 59(1) |
| Br(8) | −1094(1) | 2191(3) | −988(1) | 59(1) |
| Br(9) | 323(1) | −639(3) | −4096(1) | 54(1) |
| Br(10) | −333(1) | 1041(3) | −4180(1) | 65(1) |
| Br(11) | −1252(1) | 1963(3) | −31(1) | 53(1) |
| Br(12) | −1383(2) | 1692(4) | 790(1) | 84(1) |
| Br(13) | −2096(1) | 3921(3) | −1036(1) | 57(1) |
| Br(14) | −2895(1) | 5226(3) | −1059(1) | 65(1) |
| N(1) | −1283(9) | 7760(20) | −5000(10) | 54(6) |
| N(2) | −1140(12) | 2450(20) | −2598(11) | 67(8) |
| C(1) | −1361(16) | 7630(50) | −5515(13) | 117(19) |
| C(2) | −673(13) | 7730(30) | −4823(11) | 54(8) |
| C(3) | −420(11) | 6470(40) | −4951(16) | 102(14) |
| C(4) | −1714(11) | 6790(30) | −4778(11) | 64(10) |
| C(5) | −2248(9) | 7350(30) | −4777(10) | 46(7) |
| C(6) | −2169(9) | 8860(30) | −4843(12) | 65(10) |
| C(7) | −1613(17) | 9020(50) | −4841(13) | 107(15) |
| C(8) | −760(16) | 3260(40) | −2277(15) | 113(17) |

| | | | | | |
|---|---|---|---|---|---|
| C(9) | −769(15) | 1810(40) | −2979(11) | | 83(13) |
| C(10) | −345(12) | 980(50) | −2791(13) | | 91(14) |
| C(11) | −1461(11) | 1410(30) | −2332(11) | | 64(9) |
| C(12) | −2041(10) | 2020(50) | −2245(13) | | 94(15) |
| C(13) | −2045(12) | 3340(50) | −2451(14) | | 98(15) |
| C(14) | −1610(17) | 3260(50) | −2833(15) | | 110(17) |

**Tabelle 35.** Anisotrope Auslenkungsparameter ($\cdot\ 10^{-3}$) für [C$_2$MPyr]$_2$[(Br)$_7$(Br)$_7$].

| Atom | $U_{11}$ | $U_{22}$ | $U_{33}$ | $U_{23}$ | $U_{13}$ | $U_{12}$ |
|---|---|---|---|---|---|---|
| Br(1) | 53(2) | 80(2) | 44(2) | 12(2) | 6(1) | 6(2) |
| Br(2) | 48(2) | 77(2) | 51(2) | −4(2) | 0(1) | 14(2) |
| Br(3) | 70(2) | 69(2) | 68(2) | 3(2) | 10(2) | 5(2) |
| Br(4) | 50(2) | 63(2) | 49(2) | −2(1) | −1(2) | −4(1) |
| Br(5) | 120(3) | 112(3) | 43(2) | 4(2) | 4(2) | −36(3) |
| Br(6) | 65(2) | 58(2) | 47(2) | −2(2) | 4(1) | −4(2) |
| Br(7) | 68(2) | 61(2) | 48(2) | 3(2) | −5(2) | 0(2) |
| Br(8) | 48(2) | 73(2) | 57(2) | −7(2) | 9(1) | −4(1) |
| Br(9) | 49(2) | 66(2) | 46(2) | 1(1) | −1(1) | −12(1) |
| Br(10) | 63(2) | 65(2) | 66(2) | 4(2) | −1(2) | −2(2) |
| Br(11) | 45(1) | 53(2) | 60(2) | 1(2) | −5(1) | 1(1) |
| Br(12) | 88(2) | 106(3) | 57(2) | 5(2) | −12(2) | −12(2) |
| Br(13) | 69(2) | 55(2) | 46(2) | 1(1) | 11(1) | −5(2) |
| Br(14) | 76(2) | 62(2) | 58(2) | 8(2) | 4(2) | 6(2) |
| N(1) | 43(12) | 62(16) | 57(17) | −18(14) | 9(12) | −4(11) |
| N(2) | 79(19) | 52(14) | 70(20) | 32(13) | 11(15) | −25(13) |
| C(1) | 120(30) | 200(50) | 30(20) | 20(20) | −20(20) | −110(30) |
| C(2) | 74(19) | 29(15) | 60(20) | 5(13) | −4(15) | −12(14) |
| C(3) | 51(18) | 130(40) | 130(40) | −40(30) | 10(20) | 20(20) |
| C(4) | 69(18) | 80(20) | 49(19) | 63(17) | 27(15) | 19(17) |
| C(5) | 10(11) | 80(20) | 51(18) | −4(14) | 1(10) | −9(11) |
| C(6) | 22(13) | 70(20) | 100(30) | −13(18) | −14(13) | 34(14) |
| C(7) | 150(40) | 130(40) | 40(20) | 20(20) | −40(20) | −40(30) |
| C(8) | 120(30) | 120(40) | 100(30) | 20(30) | −80(30) | −70(30) |
| C(9) | 120(30) | 100(30) | 28(19) | −15(18) | 0(18) | −90(30) |
| C(10) | 64(19) | 150(40) | 60(20) | −10(20) | −16(17) | 50(20) |
| C(11) | 61(18) | 80(20) | 50(20) | −12(16) | −8(14) | −26(17) |
| C(12) | 10(13) | 220(50) | 50(20) | 20(30) | −3(12) | 20(20) |
| C(13) | 30(16) | 200(50) | 60(30) | −20(30) | −21(16) | 30(20) |
| C(14) | 130(30) | 130(40) | 70(30) | 40(30) | −60(30) | −60(30) |

## 7.2 Publikationsliste

[1] M. Wolff, C. Feldmann, *Z. Anorg. Allg. Chem.* **2009**, *635*, 1179.

[2] M. Wolff, T. Harmening, R. Pöttgen, C. Feldmann, *Inorg. Chem.* **2009**, *48*, 3153.

[3] M. Wolff. C. Feldmann, *Z. Anorg. Allg. Chem.* **2010**, *636*, 1787.

[4] M. Wolff, J. Meyer, C. Feldmann, *Angew. Chem. Int. Ed. Engl.* **2011**, *50*, 4970.

[5] D. Freudenmann, S. Wolf, M.Wolff, C. Feldmann, *Angew. Chem. Int. Ed. Engl.* **2011**, *50*, 11050.

[6] M. Wolff, A. Okrut, C. Feldmann, *Inorg. Chem.* **2011**, *50*, 11683.

# Danksagung

Hiermit möchte ich mich bei folgenden Personen bedanken:

- Herrn Prof. Dr. C. Feldmann für die ansprechende Aufgabenstellung, die tollen Arbeitsbedingungen und die kompetenten Diskussionen
- M. Zellner für ihre hilfreiche Unterstützung im Labor, das freundschaftliche und humorvolle Arbeitsverhältnis und ihren flexiblen Musikgeschmack
- A. Okrut für die Einführung in die Einkristallstrukturanalyse, die kollegiale und freundschaftliche Zusammenarbeit im Labor und abendliche Grillaktionen
- A. Baniodeh für lebhafte Fachdiskussionen und arabischen Mokka
- M. Löble für eine serienreiche Zeit als Labor- und WG-Partner
- F. Gyger und J. Ungelenk für kompetente Diskussionen über Elo-Denies
- M. Roming für "Die Zusammenkunft" im Seminar-Raum
- J. Ungelenk, A. Okrut und M. Löble für das Korrekturlesen dieser Arbeit
- den Mitarbeitern des AK-Feldmann für das kollegiale Arbeitsverhältnis: N. Alam, A. Baust, Dr. W. Bensmann, S. Diewald, H. Dong, D. Freudenmann, C. Geiges, Dr. H. Goesmann, S. Grabisch, H. Gröger, F. Gyger, E. Hammarberg, J. Heck, C. Kind, N. Klassen, A. Kuzmanoski, P. Leidinger, S. Lude, E. Hammarberg, A. Luz, M. Mai, S. Matschulo, A. Okrut, K. Pliester, M. Roming, A. Ruf, P. Schmitt, S. Simonato, S. Stolz, J. Treptow, S. Wolf, S. v. d. Hazel, M. Zellner, C. Zurmühl
- für ihre Hilfsbereitschaft bei Messung und Auswertung: H. Berberich (NMR), N. Alam und P. Leidinger (DTA/TG), S. Diewald und J. Treptow (EDX), M. Roming (IR), A. Okrut und H. Goesmann (Röntgenbeugung an Einkristallen und Pulvern), T. Wolf und Dr. A.-N. Unterreiner (UV/VIS, Femtosekunden-Spektroskopie)
- den Arbeitskreisen Breher, Fenske, Radius, Roesky, Schnöckel und Powell für das tolle Arbeitsklima im Institut
- den Mitarbeitern der Werkstatt, der Elektrowerkstatt, der Chemikalienausgabe und der Glasbläserei für ihre Unterstützung und Hilfsbereitschaft
- meiner Familie und meiner Freundin Meenakshi für die Unterstützung in jeder Lebenslage, ihre Zuversicht und ihr Verständnis

# i want morebooks!

Buy your books fast and straightforward online - at one of world's fastest growing online book stores! Environmentally sound due to Print-on-Demand technologies.

Buy your books online at

## www.get-morebooks.com

Kaufen Sie Ihre Bücher schnell und unkompliziert online – auf einer der am schnellsten wachsenden Buchhandelsplattformen weltweit! Dank Print-On-Demand umwelt- und ressourcenschonend produziert.

Bücher schneller online kaufen

## www.morebooks.de

VDM Verlagsservicegesellschaft mbH
Heinrich-Böcking-Str. 6-8      Telefon: +49 681 3720 174     info@vdm-vsg.de
D - 66121 Saarbrücken          Telefax: +49 681 3720 1749    www.vdm-vsg.de

Printed by Books on Demand GmbH, Norderstedt / Germany